Couverture inférieure manquante

DEBUT D'UNE SERIE DE DOCUMENTS
EN COULEUR

SOCIÉTÉ DE GÉOGRAPHIE DE LILLE

NOTICE

DE

GÉOGRAPHIE HISTORIQUE ET DESCRIPTIVE

SUR LA

TUNISIE, SFAX ET SES ENVIRONS

PAR

M. V. DURAFFOURG,

Capitaine au 80ᵉ de ligne,

Membre correspondant de la Société de Géographie de Lille.

LILLE

IMPRIMERIE L. DANEL.

—

1890.

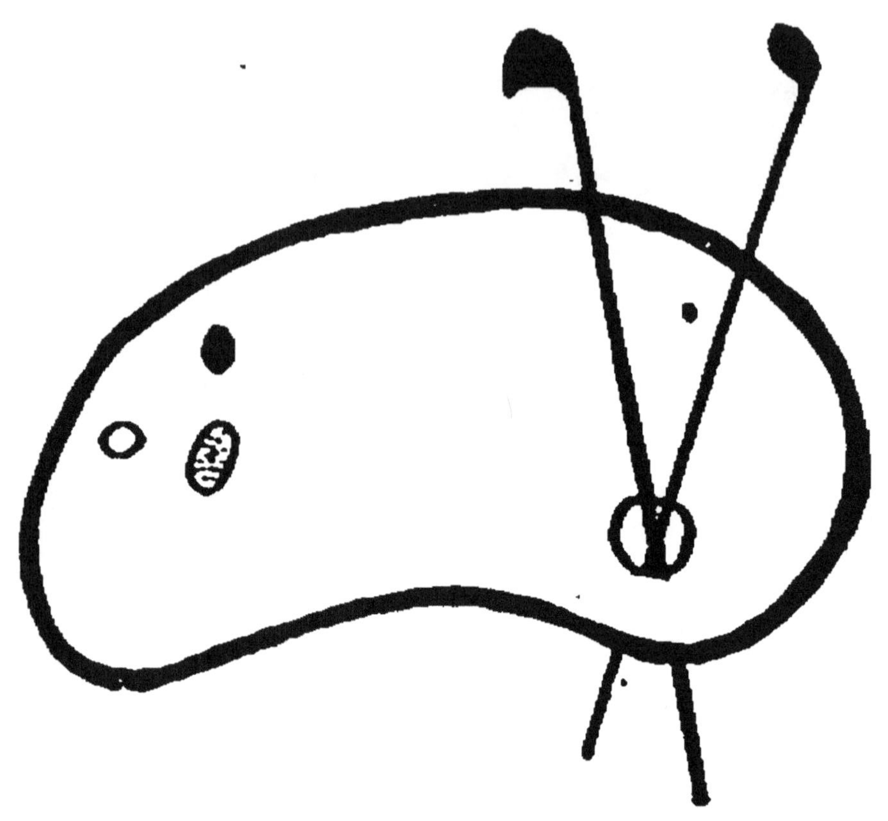

FIN D'UNE SÉRIE DE DOCUMENTS
EN COULEUR

NOTICE

DE

GÉOGRAPHIE HISTORIQUE ET DESCRIPTIVE

SUR LA TUNISIE, SFAX ET SES ENVIRONS

Campagne de la Tunisie. — Prise de Sfax. — Richesses de la Tunisie. — Plan de Sfax. — Sfax et ses environs à l'échelle au $\frac{1}{100.000}$. Photographie des ruines d'El-Djem.

Par M. V. DURAFFOURG,

Capitaine au 80ᵉ de ligne.
Membre Correspondant de la Société de Géographie de Lille.

INTRODUCTION.

La Tunisie, située dans l'Afrique septentrionale, sur le bassin de la Méditerranée, par sa position stratégique, pourra nous être très utile dans les guerres de l'avenir. De plus, elle nous offre différents avantages : la proximité de la Métropole, un climat favorable au développement de la race française, une grande utilité militaire et finalement à l'industrie l'exploitation de ses richesses.

La Tunisie est en effet la clef de l'Algérie. Elle possède la frontière Sud-Est de notre grande colonie africaine ; il reste donc la Tripolitaine qui doit être surveillée attentivement ; là est le danger pour notre domination, c'est là que le Sahara et l'Algérie communiquent avec l'Orient et subissent son influence. De plus, l'annexion de la Tunisie par une puissance européenne aurait pu constituer une menace pour nos provinces algériennes et en même temps exposer nos flottes au danger de se voir fermer la route de l'Extrême-Orient.

L'établissement de notre protectorat sur la Tunisie est devenu obligatoire, il a augmenté l'importance de notre situation. Bizerte réunit, en effet, mieux qu'aucun des ports de l'Algérie, toutes les conditions nécessaires pour la construction d'un grand port militaire qui pourrait faire échec aux positions stratégiques anglaises de Gibraltar et de Malte et intercepter entre elles la route de l'Angleterre aux Indes par le canal de Suez et la Méditerranée, au seul point où cette route est vulnérable.

Si l'Italie, qui possède la Sicile, s'était fixée à Carthage, elle aurait dominé sur les deux rives de ce canal de Sicile dont Malte garde déjà une entrée, et tout le parcours lui aurait ainsi appartenu. Ses cuirassés, manœuvrant en croisière entre la Tunisie et la Sicile, auraient pu fermer le bassin de la Méditerranée orientale et la route de Suez aux flottes sorties de Toulon.

Par suite du traité du 12 mai 1881, la Régence est sous notre protectorat. Du reste les sentiments de l'Europe sur nos rapports avec la Tunisie sont assez bien résumés dans les déclarations faites à Berlin par le Marquis de Salisbury à M. Waddington : « Dans la pensée du
» ministre britannique, il ne devait tenir qu'à nous seuls de régler, au
» gré de nos convenances, la nature et l'étendue de nos rapports avec
» le Bey, et le gouvernement de la Reine acceptait d'avance toutes les
» conséquences que pourrait impliquer, pour la destination ultérieure
» du territoire tunisien, le développement naturel de notre politique. »
(Lettre de M. Waddington au Marquis d'Harcourt, ambassadeur de France à Londres, le 26 juillet 1878).

NOTICE HISTORIQUE.

La ville de Sfax (ou Sfacks, Sfaks) a été construite, dit-on, entre le IIe et IIIe siècle de l'Hégire, par Ben-Yolob-El-Karoui, avec des matériaux provenant des ruines romaines de Thina et de Taphrura. Les murs d'enceinte du faubourg européen actuel auraient été élevés il y a environ deux siècles.

Schaw croit que Sfax n'a été jusqu'au XVIIIe siècle qu'un repaire de bandits. La ville, devenue un foyer d'insurrection, a été bombardée les

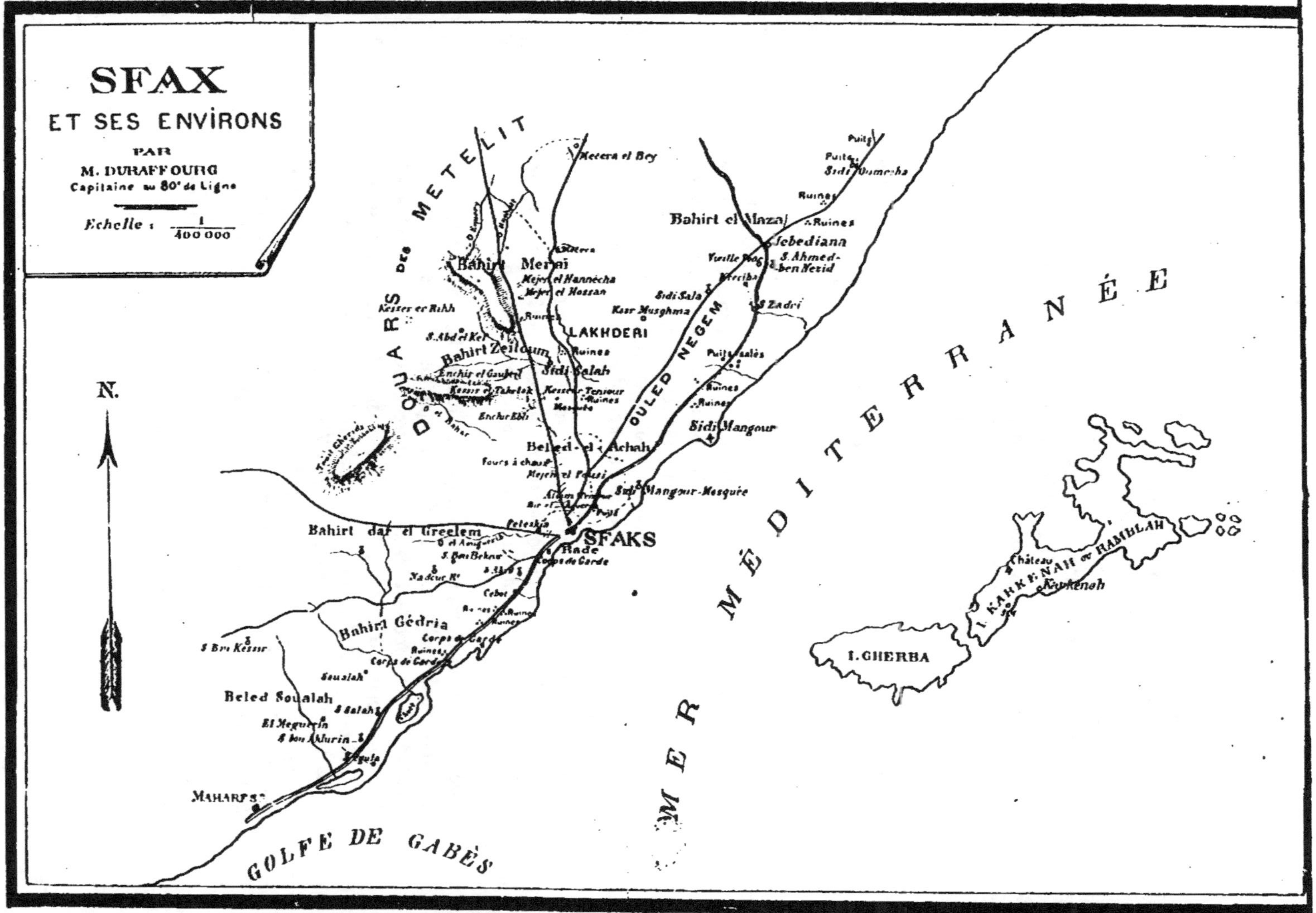

SFAX
ET SES ENVIRONS
PAR
M. DURAFFOURG
Capitaine au 80e de Ligne
Echelle : 1 / 400 000
N.
DOUARS DES METELIT
Metera el Bey
Puits
Puits Sidi Oumecha
Ruines
Bahirt el Mazal
Ruines
Sebediana
Vieille Peg.
S. Ahmed-ben Nezid
Verciba
Bahirt Merai
Mejez el Hannecha
Mejez el Hossan
Sidi Sala
S. Zadri
Kesser er Rihh
Kasr Musghma
S. Abd el Ker
LAKHDERI
Bahirt Zeiloum
Ruines
Sidi Salah
Enchir el Gauhel
Puits salés
Kesser el Tahrlok
Kesseur Tensour
Ruines
Ruines
Enchir Ebli
Mosquée
OULED NEGEM
Ruines
Sidi Mangour
Beled - el - Achah
Fours à chaux
Mejez el Fousi
Sidi Mangour-Mosquée
Bir el
Puits
Peleskia
SFAKS
Bahirt dar el Greelem
Rade
O el Amgued
Corps de Garde
S. Ben Bekeur
S. M. g.
Nadour K.
Cebet
Ruines
Bahirt Gédria
Corps de Garde
Ruines
S. Bu Kessr
Corps de Garde
Soualah
Beled Soualah
S. Salah
El Megueçin
S. bou Khurin
Magula
MAHARES
GOLFE DE GABÈS
MER MÉDITERRANÉE
Château
I. KARKENAH ou RAMEBLAH
Kerkenah
I. GHERBA
J. Jusniaux.

15 et 16 juillet 1881 par une escadre française commandée par le vice-amiral Garnault et le contre-amiral Conrad.

Sfax, située au bord d'un détroit d'environ 40 kilomètres de largeur, qui sépare l'archipel de Kerkennah de la terre ferme, est la deuxième ville de la Tunisie par le nombre de ses habitants ; sa population qui, en 1842 ou 1845, était évaluée à 8,000 habitants, aurait plus que triplé depuis cette époque ; les Sfaxiens se pressent dans les hautes maisons qui de part et d'autre bordent les étroites rues de la cité et dans le nouveau quartier qui est bâti en dehors du rempart Sud-oriental le long de la plage.

Vue de loin, Sfax ne montre que les murs blancs de son enceinte quadrangulaire et les hauts minarets de ses mosquées ; les tours, les créneaux, les bastions d'angle donnent à l'ensemble un aspect médiéval que n'ont pas au même degré les autres villes fortifiées de la Tunisie ; à l'angle méridional de l'enceinte se dresse une citadelle construite, dit-on, par des esclaves chrétiens. Assez haut située, sur un terrain légèrement en pente, Sfax n'a point de cours d'eau permanents, ni même de sources ou de puits, toute l'eau qui l'alimente provient des citernes situées les unes dans la ville les autres en dehors des murs. Quelques débris romains se voient dans les alentours, mais on n'a point trouvé d'inscription qui permette d'identifier la ville avec une station romaine mentionnée par les anciens auteurs ; il est probable que ce fut *Taphura* ou *Taphrura*.

A une vingtaine de kilomètres au Sud-Ouest, sur la plage du golfe, les ruines de Tince romaine, point extrême du fossé que Scipion le Jeune avait fait creuser au Sud du territoire pour le séparer du pays des Numides.

Des Juifs et des Européens (Français, Maltais et Italiens) au nombre de trois ou quatre mille vivent à Sfax presque tous dans la basse ville, le Rabat, où les appellent les affaires du commerce et qu'un boulevard récemment planté d'arbres rattache cette partie à la campagne située au Nord de la ville. Les Musulmans habitent la haute ville dans l'enceinte des murs (*voir le croquis de la ville de Sfax*).

Les gens de Sfax ou Sfaxiens se distinguent des Tunisiens. On les reconnaît à une certaine différence de costume, particulièrement au *turban vert* qu'ils portent autour de la tête, (1) car ils ne tiennent pas à

______

(1) Cette remarque s'applique surtout aux fanatiques.

être confondus avec les Tunisiens ; mais c'est par le caractère surtout qu'ils diffèrent des autres citadins. Ils ont une plus grande initiative, plus d'ardeur au travail, un esprit plus ingénieux ; en toutes choses, ils sont plus actifs et plus sérieux que leurs voisins. On les dit des Musulmans zélés ; les enfants même fréquentent les mosquées et les femmes ne négligent rien dans leur intérieur, pas même de faire leurs prières.

Lors de l'occupation de la Tunisie par les troupes françaises en 1881, les Sfaxiens ont aussi donné des preuves de leur patriotisme. Presque seuls, ils résistèrent à l'invasion et se battirent en désespérés lors du bombardement.

Maintes institutions à Sfax témoignent de l'esprit public des habitants ; non-seulement, ils ont fondé des mosquées et des zaouya, mais aussi un hôpital qui est fort bien entretenu ; en dehors des murs un bassin central « *dit de secours* » est dû à la munificence d'un seul citoyen ; trois cent soixante-cinq citernes secondaires qui l'entourent, disposées comme les cryptes d'une nécropole, rappellent aussi l'esprit de solidarité des riches habitants envers leurs frères musulmans. D'autres grands réservoirs ont été construits dans les environs de la ville.

Les habitants de Sfax témoignent de leur amour du travail pour leurs cultures qui, en dehors d'une zone sablonneuse (sorte de chemin de ronde ménagé autour de la ville) s'étendent sur un espace de sept à vingt kilomètres de largeur. Depuis quelques années on a planté autour de Sfax plus d'un million d'oliviers ; en 1874, la production totale de l'huile dans la campagne de Sfax était évaluée à 27 millions de litres. Il existerait dans la banlieue de huit à dix mille enclos, tous séparés les uns des autres par des haies de cactus, tous ombragés d'arbres fruitiers et dominés par un bordj (tour carrée dans laquelle le propriétaire met ses instruments de travail et qui pourrait au besoin soutenir un siège contre les pillards). La campagne, hérissée de ces mille fortins, ressemble aux champs cultivés du Nord de la Perse, mis en état de défense contre les Turcomans.

En été, presque tous les habitants propriétaires vont alors y séjourner : la ville se trouve alors comme abandonnée.

« Sfax est située sur la limite naturelle entre la région des oliviers et celle des palmiers ; ces deux espèces n'y sont pas représentées en aussi grand nombre qu'elles le sont respectivement au Nord et au Sud : on y voit en proportion plus d'autres arbres à fruits tels qu'amandiers, figuiers, abricotiers, pêchers, pistachiers et ceps de vigne ; mais depuis quelque temps, la culture des oliviers, plus lucrative que les autres, a pris chaque année un accroissement considérable, la zone des olivettes s'accroît de plusieurs centaines de mètres ; si le progrès agricole continue dans la même proportion, les Sfaxiens auront bientôt englobé dans leurs jardins tous les bouquets isolés d'oliviers dits « Oliviers du Bey » puisqu'ils n'ont pas de propriétaires reconnus et leurs domaines s'étendront jusqu'à El-Djem » (Rouire-Société de Géographie, Revue de mai 1882).

Les palmiers, dont les fruits mûrissent mal à cause des pluies fréquentes, ne servent guère qu'à la nourriture des animaux.

Un des légumes qu'on cultive le plus dans les jardins de Sfax est le concombre ou fakous, mot d'où l'on a voulu dériver le nom de la ville ; (d'après Schaw, Sfax serait la cité des concombres).

En dehors de la culture, les Sfaxiens ou Sfaxkska s'occupent aussi très activement d'industrie et de commerce ; ils ne dédaignent aucun genre de travail comme les Musulmans de tant d'autres cités.

Commerce.

Le marché de Sfax est aussi bien approvisionné que celui de Tunis ; la ville importe des laines, des cuirs, des marchandises d'Europe et vend en échange des huiles, plus pour les usages industriels que pour l'alimentation ; des fruits de toutes espèces tels que raisins, figues, amandes, des éponges et des poissons secs sont apportés à Sfax par les pêcheurs de Kerkennah.

Dans ces derniers temps les navires anglais vinrent aussi prendre des cargaisons d'alfa que l'on recueille à l'Ouest dans les plaines et les vallées parcourues par les pacifiques arabes Métalit et Nefet. Malheureusement Sfax n'a pas encore de port pour recevoir les grands navires ; les bâtiments d'un grand tirant d'eau mouillent à plus de 3 kilomètres de la plage ; les sandals, les mahones et autres petites embarcations peuvent seuls venir jusqu'au devant de la ville grâce à la marée mais pour s'échouer dans la vase aux heures du reflux ; aussi la rade protégée à l'Est par des bas-fonds et par l'archipel de Kerkennah est-elle parfaitement sûre. Ces îles de pêcheurs n'ont point de ville mais seulement des villages et des hameaux; Annibal et Marius y trouvèrent un refuge. Lieux d'exil sous les Romains, elles l'étaient encore récemment sous le gouvernement des Beys; c'est là qu'on internait les femmes adultères. Depuis longtemps, les habitants de Kerkennah ont des vignobles, ils ne voient aucun péché dans l'usage du vin.

RUINES DE BARARUS. — VILLAGE D'EL-DJEM. — THYSDRUS.

Tandis que la route du littoral se développe vers le Nord et pour contourner le Ras-Kapoudiah (promontoire le plus oriental de la Tunisie) la route de Sfax à Sousa. qui n'est autre que l'ancienne voie romaine, suit la direction à travers le territoire des Métalit. Vers le milieu de la route se succédaient deux cités importantes : Bararus et Thysdrus devenues aujourd'hui le henchir (ou la ferme) de Rouya et le misérable village d'El-Djem. Les ruines de Bararus occupent un espace d'environ 5 kilomètres de pourtour et comprennent les restes reconnaissables d'un théâtre, d'une porte triomphale et d'autres édifices, tandis que Thysdrus possède encore l'un des plus beaux monuments d'Afrique, l'amphithéâtre le mieux conservé qui nous reste du monde ancien, sans en excepter celui de Pompéi (voir fig. 1). Lorsque cette région de la Tunisie, de nos jours presque déserte, nourrissait une population nombreuse, Thysdrus, grâce à sa position centrale, était un endroit des mieux choisis pour la célébration des fêtes : de toutes parts on accourait à son amphithéâtre que l'on croit avoir été bâti, du moins fondé par Gordien l'Ancien, en reconnaissance de ce qu'il avait été proclamé empereur de la ville de Thysdrus. C'est là aussi, dans l'amphithéâtre d'El-Djem, que les chefs et délégués des tribus méridionales de la Tunisie décidèrent en 1881 le soulèvement général contre les Français. De plus de 10 kilomètres on aperçoit la masse énorme se dressant au-dessus d'un large renflement du sol d'une altitude de 185 mètres ; on dirait une colline de pierre ; mais quand on approche on la voit disparaître derrière les fourrés de gigantesques figuiers de Barbarie entre lesquels serpente le sentier.

D'après les mesures de M. Pascal-Coste, le colisée de Thysdrus a 150 mètres de longueur pour le grand axe, 130 mètres pour le petit axe, dirigé à peu près du Nord au sud ; il eut probablement pour modèle l'amphithéâtre Flavien de Rome. La façade elliptique, jadis formée de 68 arcades portant trois étages à colonnes corinthiennes, offre une grande unité de style, mais elle n'est pas complète. En 1710, à la suite

Fig. 1. — Collisée de Thysdrus

ou

Amphithéâtre du village d'El-Djem.

d'une révolte des Arabes, un bey de Tunis, Mohammed, fit sauter cinq arcades sur la façade orientale, et depuis cette époque la brèche a été constamment agrandie par les Métalit d'El-Djem, qui se servent des matériaux de l'amphithéâtre pour construire leur masure et qui en vendent aux constructeurs des alentours. A l'intérieur, la plupart des rangs de gradins ont disparu et leurs débris se sont écroulés en talus : on attribue cette ruine à la transformation que la fameuse Kohina « Prêtresse » fit subir à l'amphithéâtre quand elle s'y défendait contre les envahisseurs arabes en l'an 689. La tradition des tribus environnantes qui glorifie la Prêtresse quoiqu'elle fût une ennemie des Arabes, raconte que cette guerrière, probablement juive, comme un grand nombre de Berbères à cette époque, se mit à la tête de ses compatriotes et des Grecs, leurs alliés, obligés de s'enfermer dans l'amphithéâtre, appelé d'après elle Kasr-el-Kahina, et y soutint un siège de trois années ; un souterrain, qui servait sans doute à l'alimentation de la naumachie, est signalé par les Arabes, comme le reste d'un chemin caché par lequel la garnison communiquait avec le littoral et recevait ses approvisionnements, la ville même n'a laissé que peu de ruines, mais les fouilles y ont mis au jour des colonnes d'énormes dimensions et des citernes profondes. « D'après M. Rouire, les nomades de cette » région déplacent les populations sédentaires ; chaque village abandonné par ses habitants est immédiatement envahi par des indigènes » errants, qui en font leur marché principal et y placent les tombeaux » de leurs saints. »

D'après les Métalit, la pierre de grès qui a servi à la construction de l'amphithéâtre d'El-Djem a été retirée des carrières de Boû-Redjid, situées sur le littoral « marin », à une petite distance au sud de Mahdiya (Mahdia) la cité du Mahadi, ainsi nommée d'après son fondateur ou restaurateur Obeid Allah en l'an 912.

ILES DE KERKENNAH ET AUTRES VILLAGES DES ENVIRONS DE SFAX.

La Cercina et la Cercinatis des anciens occupent une grande étendue, mais elles sont très basses ; on voit encore les restes du pont qui les réunissait autrefois. Elles s'élèvent en face de Sfax dont elles sont séparées par un détroit de 34 kilomètres ; la plus grande, celle du nord, a 32 kilom. de longueur sur une largeur moyenne de 8 kilom. (Voir planche II, carte à l'échelle du $\frac{1}{100.000}$). On y compte plusieurs villages. La petite Kerkennah, celle du sud, ne possède qu'un seul village appelé Mélita.

Le climat de ces îles est délicieux. Le sol est très fertile, produit des céréales, des fruits et surtout des raisins superbes, des dattes excellentes.

Les bas-fonds qui entourent les îles sont très riches en poissons et en éponges, aussi la pêche est-elle la principale ressource des habitants qui s'adonnent à la prise du poulpe qu'ils font sécher et expédient jusque dans le Sahara.

Sur la grande Kerkennah se voient encore des citernes et de nombreuses ruines romaines assez importantes ; on dit que ces îles servirent de refuge à Marius, proscrit de Rome, et qu'Auguste y exila Sempronius Gracchus. Quatre bouées cylindriques ont été récemment mouillées dans le canal des îles de Kerkennah afin d'en permettre l'accès aux navires d'un faible tirant d'eau.

La baie de Sfax se termine au Sud par la pointe de Mahara, ou Maharès, qui donne son nom à un pauvre village situé au milieu d'une plaine de sable dont les habitants n'ont d'autres ressources que la pêche.

Marabout de Sidi-Mansour (ou mosquée) situé sur le territoire des Ouled Négem au Nord-Est de Sfax à proximité de la mer, offre une salle oblongue surmontée d'un dôme de petites dimensions. Aux murailles sont suspendus les tambours, les tambourins, les sabres et les fourches de fer employés dans les cérémonies.

Bahirt-Cédra situé au Sud-Ouest de Sfax, sur la route de Sfax à Maharess, pays pauvre, où il n'existe plus que des ruines, et quelques puits. A 12 kilom. de Sfax, au Sud-Sud-Ouest, on trouve les ruines de Tine qui, sous l'occupation romaine, dut être une ville de quelque importance.

Agriculture.

Les environs de Sfax sont couverts de jardins, de maisons de campagne et de bois d'oliviers. Les propriétés plantées d'oliviers sont, dit-on, au nombre de 30,000 environ ; chacune d'elles renferme plusieurs espèces de vergers qui, généralement, produisent de très bons fruits.

La culture de l'olivier est admirablement bien entendue dans toute la région, où elle a acquis une très grande importance. Les huiles et les olives de Sfax sont les plus renommées de la Régence.

Au-delà de Sfax et dans les environs, on cultive la vigne qui produit d'excellents raisins, dont le prix n'est pas trop élevé (0,5 le kilog.). Pendant son séjour à Sfax, le 92ᵉ de Ligne fut très heureux de pouvoir profiter de cette aubaine à de semblables conditions. Les magasins étant fermés et la ville évacuée (par suite du bombardement), il était presque impossible de se procurer le nécessaire en attendant la rentrée des Sfaxiens qui se fit du reste très lentement et ne commença guère que le 22 juillet.

Dans les environs de Sfax le sol est généralement d'une grande fertilité, tous les voyageurs qui ont parcouru la Régence depuis le commencement de ce siècle sont unanimes à affirmer que ce pays, entre les mains d'une nation intelligente, laborieuse et industrieuse, deviendrait bientôt une des plus belles contrées du monde entier et pourrait fournir à l'Europe non seulement des céréales en abondance, mais encore un grand nombre de denrées précieuses, une quantité de matières textiles et des minerais de toutes sortes.

Que faudrait-il pour rendre à ce pays sa fécondité primitive ?

1° Une culture bien entendue, des routes, des chemins de fer et des ports accessibles. Partout, en effet, le pays des Khroumirs excepté, le sol de la Régence se prête à l'établissement des voies de communications et, en transformant en ports excellents et accessibles aux navires du plus fort tonnage, les ports de Tunis, Bizerte et Sfax, les colons ne feront pas défaut pourvu qu'on favorise leur installation et qu'on leur assure une sécurité absolue ;

2° L'établissement de colons européens qui devront faire appel à la main-d'œuvre indigène, les exemples qu'ils donneront autour d'eux, amèneront, il est permis de l'espérer, le paysan tunisien à renoncer à quelques-uns des errements actuels ;

3° Création d'une école d'agriculture. — La création d'une école d'agriculture serait une heureuse tentative ; on y appellerait les fils des grands propriétaires indigènes qui fréquentent le collège de Tunis et, le Tunisien étant désireux d'apprendre et perfectible, les élèves sortis de cette école pourraient appliquer chez eux les méthodes qui leur auraient été enseignées.

Ces conditions remplies, il est permis de supposer que la récolte serait bientôt doublée et même triplée, attendu que les Tunisiens, bien qu'étant plus travailleurs et de mœurs plus douces que les Arabes d'Algérie sont, comme eux, de médiocres agriculteurs : les terres ne sont jamais fumées et ne reçoivent qu'un labour insignifiant. Aussi leur rendement ne dépasse-t-il pas 6 hectolitres à l'hectare dans les années moyennes. Les troupeaux ne sont l'objet d'aucun soin: on laisse les moutons, les chèvres, les bœufs, les ânes, les chevaux s'accoupler librement sans se préoccuper du choix des reproducteurs.

Voies de communication.

Les routes manquent, les ports sont insuffisants et d'immenses régions souffrent de la sécheresse faute de canaux d'irrigation. Il faut reconnaître qu'en matière de travaux publics, il y avait en Tunisie une grande tâche à accomplir; le protectorat, succédant à une administration indigène peu soucieuse des intérêts économiques du pays, n'a trouvé sur l'étendue du territoire ni routes, ni ports, ni canaux d'irrigation.

Il faut malheureusement reconnaître que peu de choses ont été faites; on le comprend lorsqu'il s'agit de ports et de routes. L'administration française obligée, dès le premier jour, de parer à toutes les dépenses avec les recettes du budget tunisien, ne pouvait consacrer des sommes importantes aux voies de communication, mais il était possible de confier à des Compagnies la construction des lignes ferrées dont l'utilité est indiscutable ainsi que l'aménagement des ports.

On peut donc regretter qu'après 6 ou 7 ans d'occupation il n'ait pas été construit plus de 15 à 20 kilom. de chemins de fer dans la Régence et que le premier coup de pioche n'ait pas été donné plus tôt au port de Tunis.

Au commencement de 1887, trois routes seulement dont la plus longue n'a que 20 kilom. sont achevées ; de Tunis à Hamman-Lif; de Tunis au Bardo; de Tunis à La Goulette. D'autres sont en construction, de Tunis à Bizerte; de Tunis au Kef; de Tunis à Zaghouan et à Sousse; de Tunis à Kairouan (cette dernière est achevée depuis peu). C'est un total de 215 kilom. de routes terminées et 170 en construction.

Voies ferrées.

Une seule ligne ferrée est en exploitation : celle de la vallée de la Medjerda, de Tunis à la frontière algérienne, en outre le tronçon de Tunis à Hammam-Lif. La ligne Bône-Guelma était construite avant l'occupation ; sa longueur est de 211 kilom. Elle jouit depuis sa concession d'une garantie du gouvernement français.

Reste à citer le petit chemin italien de Tunis à La Goulette « dernière hypothèque de l'Italie sur Tunis et Carthage. » Quant au chemin de fer Decauville installé pendant l'expédition pour le service de l'armée entre Sousse et Kairouan, il fonctionne très irrégulièrement, trois ou quatre fois par mois.

Est-il besoin de dire qu'une aussi grande insuffisance des moyens de communication entrave le développement commercial du pays, renchérit ses produits et éloigne même les colons qui ne veulent pas acheter des terres tant qu'ils ne seront point assurés d'avoir une bonne route pour conduire leur récolte jusqu'au marché ou jusqu'à la mer ? Les dépenses occasionnées sont aujourd'hui fort élevées ; c'est ainsi que pour transporter un hectolitre de vin de Dar-el-Bey à Tunis, distant de 104 kilomètres, l'expédition revient à 4 fr. 80, alors que la valeur de la marchandise elle-même ne dépasse pas 35 à 40 francs. A Tunis, l'expéditeur doit supporter de nouveaux frais s'il veut exporter sa marchandise de la ville à la Goulette d'abord, puis de la Goulette au navire, car les bâtiments sont obligés de mouiller au large à plus d'un kilomètre du rivage.

Lignes stratégiques.

Après avoir organisé les différentes voies de communication à l'intérieur, permettant de se rendre rapidement d'un point à un autre de la Tunisie, soit par les voies de terre, soit par les voies ferrées, il conviendrait de songer aussi, d'un côté, à assurer, par des lignes stratégiques, les derrières de la Tunisie, afin de la défendre contre les excursions des tribus de la Tripolitaine, contre toutes les agressions du monde musulman, et de l'autre, à utiliser la situation exceptionnellement favorable du port de Bizerte, aujourd'hui simple lieu de rendez-vous pour les bateaux corailleurs de la côte. Le lac de Bizerte, mis par un chenal en communication avec la mer, s'étend sur un espace d'environ 50 kilomètres carrés ; il a même sur ses bords une épaisseur d'eau de 3 à 5 mètres et dans les fonds de milieu la sonde descend jusqu'à 12 et 13 mètres. Ainsi se trouvent réunies à Bizerte toutes les conditions nécessaires pour l'établissement d'un grand port militaire qui pourrait faire échec aux positions stratégiques anglaises de Gibraltar et de Malte et intercepter entre elles la route directe de l'Angleterre aux Indes par la Méditerranée et le canal de Suez au seul point où, pour nous, cette route est vulnérable.

Administration.

Le pays continue à être gouverné par un souverain musulman, Sidi-Ali-Bey, successeur de Mohammed-el-Sadok, mais deux actes qui le lient envers la France ont considérablement restreint ses pouvoirs. —Le premier, le traité de Kasr-Saïd, le second, signé à la Marsa le 8 juin 1883;—celui-ci contient le mot de «Protectorat», qui ne figure pas dans le traité de 1881 et nous permet, en réalité, de mettre notre véto à tout acte émanant du Bey qui pourrait nuire à la bonne administration du pays. Il suffit d'en citer le premier article qui est ainsi conçu ;

« Afin de faciliter au Gouvernement français l'accomplissement de » son protectorat, Son Altesse le Bey de Tunis s'engage à procéder » aux réformes administratives, judiciaires et financières, que le Gou- » vernement français jugera utiles. »

Le Bey a deux ministres : le premier, qui dirige les caïds ou gouverneurs et le Ministre de la Justice et de la Plume ; mais les Ministres réels sont les Ministres français : le Ministre des Affaires étrangères, qui n'est autre que le Résident général ; le Ministre de la Guerre, le Général commandant le corps d'occupation, puis les Chefs des grands services publics, les Directeurs des finances, des travaux publics, de l'enseignement, lesquels sont appelés dans les Conseils du Gouvernement et préparent chaque année le budget.

Le Conseil des Ministres est présidé par le Résident général. Enfin, le Secrétaire général du Gouvernement beylical est un Secrétaire d'ambassade français.

Dans les provinces, des sortes de Préfets indigènes nommés caïds, assistés d'un ou plusieurs lieutenants ou kalifs, sont chargés de l'administration. A côté d'eux, placés dans un poste d'observation, sont les Contrôleurs civils qui exercent auprès des autorités indigènes les mêmes fonctions de direction et de conseil que le Résident général auprès du Bey; ils sont aujourd'hui au nombre de treize, installés à Tunis, à la Goulette, Mateur, Bizerte, Kairouan, Sfax, Toseur et Djerba.

Si l'on a pu blâmer quelquefois la France d'employer trop de fonctionnaires, on ne saurait lui adresser un semblable reproche pour la Tunisie, où les treize contrôleurs représentent le gros du corps des fonctionnaires. Les contrôleurs ne doivent pas administrer; leur rôle n'en est pas moins considérable puisqu'ils parcourent les tribus, entendent les indigènes, se rendent compte par eux-mêmes de la manière dont les lois sont observées.

RÉFORMES INTRODUITES DANS LA RÉGENCE PAR LE PROTECTORAT.

Sans citer ici toutes les réformes qui ont été introduites dans la Régence, nous nous contenterons d'énumérer les principales :

Réformes administratives, institution des municipalités, réformes financières, équilibre du budget, suppression de certains emplois inutiles, réduction de l'armée beylicale, réforme de l'enseignement, création d'une justice française, institution de l'état-civil.

Parmi les meilleures de ces réformes, il faut signaler celle qui a eu pour résultat d'empêcher les Caïds, les Kalifas et les Cheiks de percevoir trois ou quatre fois l'impôt comme ils le faisaient souvent avant l'occupation française.

Aujourd'hui, toutes les cotes sont inscrites sur des registres à souche envoyés chaque année aux Caïds ; ceux-ci inscrivent sur la souche la somme perçue, détachent le reçu écrit en arabe et doivent le remettre à l'indigène. Les Tunisiens commencent à comprendre l'usage de ce petit papier et ne manquent pas de le réclamer quand, par hasard, il plaît encore à l'autorité d'oublier de le donner.

Il en est toutefois deux qui semblent plus importantes que les autres parce qu'elles ont établi, confirmé devant l'Europe et avec son consentement, la situation toute particulière de la France en Tunisie : c'est la suppression des capitulations et la conversion de la dette.

L'effet principal des capitulations est de placer les étrangers, vivant en pays ottoman, sous la juridiction de leurs consuls, qui, seuls, ont le droit de les juger, de les condamner et d'exécuter les sentences prononcées contre eux.

La deuxième grande réforme a été celle des finances. Le Gouvernement beylical ayant fait, à diverses époques, plusieurs emprunts auxquels avaient souscrit des rentiers français, anglais, italiens, avait dû consentir, en 1869, à l'installation d'une Commission financière composée de neuf membres, trois Français, trois Anglais et trois Italiens, dont la fonction était d'assurer l'exact paiement des coupons aux porteurs de titres.

Le chiffre réel de la dette tunisienne, en 1881, « dette consolidée, dette flottante, » s'élevait à 142 millions de francs. Le service de ses intérêts exigeait environ 8 millions, ce qui était une charge fort lourde pour un budget dont les recettes étaient alors de 14 à 16 millions. En outre, la Commission internationale, qui n'avait pas à se préoccuper du développement des ressources naturelles du pays et qui avait encore moins souci du développement de l'influence française, rendait impossible toute réforme du budget et des impôts.

Afin de faire cesser cet état de choses ruineux pour les finances tunisiennes, incompatible avec le fonctionnement du protectorat, le Gouvernement autorisa le Bey à émettre, sous la garantie du Trésor français, un emprunt pour le remboursement de la dette consolidée et de la dette flottante. — Loi du 9 avril 1884 approuvant la convention de la Marsa du 8 juin 1883.

Le total de cette nouvelle dette unifiée fut de 142,550,000 francs répartis entre 315,376 titres de 500 francs rapportant 4 %, soit 20 francs. Elle exige l'inscription annuelle au budget de la Régence d'une somme de 6,307,620 francs, ce qui, au taux beylical, procurait une économie d'environ 1,390,000 francs sur le service de l'ancienne dette. En outre, comme on avait offert aux porteurs des titres d'option entre le remboursement et la conversion et que tout débiteur a le droit de se libérer de ses dettes, l'opération équivalait à une novation.

L'ancienne dette ainsi éteinte, les arrangements internationaux qui la concernaient n'avaient plus leur raison d'être et tombaient d'eux-mêmes. La Commission financière internationale disparut et le Bey, c'est-à-dire l'administration du protectorat, retrouva la faculté de disposer des impôts et de régler, comme il lui convenait, les différents budgets du pays.

Telles sont, dans leurs lignes générales, les principales réformes introduites par la France en Tunisie, les conditions dans lesquelles s'exerce notre protectorat. Il serait injuste de ne pas être satisfait des résultats obtenus jusqu'à ce jour; le budget est en équilibre ou, ce qui est mieux, en excédent, les différentes réformes introduites ont été acceptées par les indigènes sans révolte. Chaque jour, l'Administration française réalise de nouveaux progrès. Ainsi, pour tout dire en quelques mots, les décrets du Bey sont toujours datés de l'année de l'Hégire et précédés des formules propres à la religion musulmane; mais une ère nouvelle a commencé et c'est de la France que vient aujourd'hui la force vive et la volonté.

CAMPAGNE DE TUNISIE

(92ᵉ DE LIGNE).

Avant de traiter de la prise même de Sfax, il semble nécessaire de rappeler l'ensemble des événements qui ont motivé cette opération.

Pour arriver à ce résultat, il faut remonter au commencement de 1871, c'est-à-dire à l'insurrection algérienne.

L'influence française qui, depuis 1830, avait régné presque sans contestation à la cour de Tunis, avait vu surgir une rivale par suite de nos désastres de 1870 : cette rivale était l'Italie.

A peine relevée par les mains aveugles de la France, l'Italie oubliait ses dix siècles de servitude et d'agenouillement pour rêver grandeurs et conquêtes. Les souvenirs de la gloire romaine obsédaient la jeune puissance et lui montraient dans l'Afrique du Nord une ancienne dépendance naturelle de l'Afrique.

Il nous était impossible de laisser s'établir une influence européenne rivale aux portes mêmes de notre colonie.

Les luttes d'influence qui existaient à la cour de Tunis et dont on accuse M. Maccio, alors consul d'Italie dans cette ville, d'avoir été le principal instigateur, des incidents relatifs à la Compagnie des chemins de fer de Bône-Guelma et de la question de l'Enfida, ces différentes questions avaient appelé l'attention du Gouvernement français, lorsque des actes de brigands, commis par les Kroumirs, sur notre frontière d'Algérie, décidèrent la France à intervenir.

Le 6 avril, M. Barthélemy Saint-Hilaire envoya à M. Roustan, notre représentant à Tunis, une dépêche dans laquelle il le priait d'annoncer au Bey l'entrée prochaine de nos troupes dans la Régence pour châtier les Khroumirs des vols, meurtres, assassinats, dont ils s'étaient rendus coupables, ainsi que de la violation du territoire par les troupes tunisiennes, le Gouvernement du Bey étant absolument impuissant à les réprimer, c'est donc, disait la dépêche, en alliés et en auxiliaires du pouvoir souverain du Bey que les soldats français poursuivront leur marche et c'est aussi avec les renforts tunisiens que nous devions châtier définitivement les auteurs de tant de méfaits, ennemis communs de l'autorité du Bey et de la nôtre.

Mohammed-el-Sadok adressa à M. Roustan une note diplomatique dans laquelle il protestait contre la violation du territoire tunisien par la France. Il voyait dans cette entrée de troupes françaises sur le sol de la Régence une atteinte à son droit souverain et spécialement aux droits de l'Empire ottoman. La France devait assumer la responsabilité de tout ce qui pourrait en résulter.

Dès lors l'expédition fut arrêtée et les troupes destinées à opérer en Tunisie furent concentrées sur la frontière algérienne, dans le cercle de la Calle et celui de Souk-Ahras.

Dès le 12 avril, 12,000 hommes, venus de France ou d'Algérie, s'y trouvaient rassemblés et les opérations commençaient le 24 avril. Le corps expéditionnaire devait comprendre environ 25,000 hommes.

Deux colonnes furent formées sous le commandement en chef du général Forgemol. La composition de ces différentes colonnes ne sera pas donnée ; nous nous contenterons d'indiquer en quelques mots les dispositions arrêtées pour le plan de campagne.

Le plan de campagne consistait à pénétrer sur le territoire tunisien en trois colonnes mobiles ; celle de droite devait opérer vers le Sud par la vallée de l'Oued-Mellègue, enlever en passant le Kef, s'interposer entre les tribus révoltées et leurs voisines de l'intérieur. Les deux autres colonnes avaient pour mission d'envahir le pays des Khroumirs, de les attaquer dans leurs montagnes et de s'étendre dans tout le pays qui se trouve le long de la côte dans la direction de Tunis, tandis qu'un corps de troupe devait s'emparer de Bizerte et même Tabarca.

En résumé, nous devions faire un mouvement enveloppant aux deux ailes et direct au centre. Nous ne nous occuperons nullement de la marche de ces différentes colonnes, nous nous contenterons de poursuivre notre récit en relatant tout particulièrement les faits qui ont trait au 92° de ligne, depuis son départ de Lyon jusqu'à la prise de Sfax, en commençant par dire deux mots sur l'arrivée de la flotte à Bizerte.

Le 1ᵉʳ mai, la corvette cuirassée de premier rang, la *Galissonnière*, ayant à son bord le contre-amiral Conrad, la *Surveillante*, l'*Alma* (commandant Miot) et le *Léopard* se présentèrent devant Bizerte et sommèrent le gouverneur de leur livrer la ville dans deux heures. Le gouverneur consentit à ouvrir les portes à condition qu'on lui délivrerait un écrit constatant qu'il avait cédé à la force et que les biens et la vie des habitants seraient respectés par les troupes françaises : à dix heures, le drapeau français fut hissé.

Le lendemain, le général Bréart arrivait à Bizerte. En trois jours on avait débarqué environ 6,000 hommes provenant des 20°, 38° et 92° de ligne, du 30° bataillon de chasseurs à pie l. On y avait joint une batterie des 1ᵉʳ, 9°, 12°, 13° et 23° régiments d'artillerie et différents services, etc.

Le 92° de ligne, sous les ordres du colonel Prouvost, se composait (à son départ de Lyon) des 3° et 4° bataillons formant ainsi le 92° de marche. Ces deux bataillons, au nombre de 35 officiers, 1,019 hommes de troupe et 8 chevaux, avaient quitté Lyon le 29 avril 1881 pour s'embarquer à Toulon le 2 mai, à bord de la *Guerrière*, et débarquer à Bizerte le 5 mai, à 4 heures 45 minutes du matin.

Dans la soirée, le général Bréart quitte Bizerte pour se rendre à Bahirt-Gourmatta ; une pluie torrentielle n'avait cessé de tomber et la marche s'était effectuée à travers des terrains difficiles ; le 9, il s'établit à Fondouk et le 10 arriva à Djedeïda, dans la matinée. Le 12 mai, il quitte Djedeïda et se dirigea vers le Bardo : la veille au soir, sa colonne avait été renforcée par le 92° de ligne, resté momentanément à Bizerte ; toute la colonne devait, ainsi réunie, aller s'établir à proximité de la Manouba.

2

Pendant ce temps là, c'est-à-dire depuis le débarquement des troupes à Bizerte, le Bey, ayant appris l'occupation de Bizerte, voulut proclamer la guerre sainte, mais cédant aux conseils de son entourage, il adressa à M. Roustan une nouvelle protestation contre l'entrée des troupes françaises sur le territoire de la Régence; le général Bréart sachant à quoi s'en tenir sur ses protestations, se mit à poursuivre sa marche et le but de sa mission en se rapprochant du Bardo.

A l'arrivée de la colonne Bréart à la Manouba, des masses de curieux accouraient de tous côtés; la musique jouait le chant du départ. Quelques instants après le général fit prévenir M. Roustan qu'il était à sa disposition (à la Manouba). Le Bey écrivit à M. Roustan pour protester contre la présence de nos troupes près de sa résidence et en même temps pour l'informer qu'il accordait au général Bréart, l'entrevue qu'il demandait. M. Roustan se rendit de suite à la Manouba et annonça au général que le Bey le recevrait le même jour à quatre heures du soir.

A la suite de la visite de M. Roustan, le général Bréart monta aussitôt à cheval ainsi que son état-major et, malgré une pluie battante, il se rendit au palais du Bey, escorté par deux escadrons de cavalerie. Il mit pied à terre devant la porte de la grille et les honneurs lui furent rendus par un peloton de soldats tunisiens qui formaient la haie. M. Roustan présenta le général Bréart au Bey qui était accompagné de M. Mustapha son premier ministre.

Le général français après avoir exprimé à Mohammed-el-Sadock les assurances contenues dans un télégramme spécial reçu la veille au Ministère de la Guerre, lui donna lecture du texte du traité qui fut accepté par le Bey et dont nous ne croyons pas utile de reproduire le contenu. Sur la demande du Bey, nos troupes n'entrèrent pas à Tunis (plus tard l'autorisation fut accordée).

A partir du 1ᵉʳ juin, il n'y eut plus d'incident notable, tout se réduisit à des marches ayant pour but de compléter la pacification. Nos troupes traversèrent le pays dans toutes les directions sans rencontrer d'obstacles.

Le 16 juin le général Forgemol télégraphiait au Ministre de la Guerre que conformément aux ordres reçus, la dislocation du corps expéditionnaire commencée le 10 juin, était très avancée et que le rapatriement des troupes allait commencer.

Le 18 juin le général Forgemol se rendit à Tunis avec une partie de son état-major. Le 19 avant de quitter cette ville, il fit une visite au Bey Mohammed-el-Sadock.

Le général Maurand fut nommé à la Manouba et le 3 juillet son chef d'état-major, le capitaine Mattei fut assassiné par un Maltais resté inconnu. Les honneurs funèbres furent rendus à cet officier par le 27° bataillon de chasseurs à pied.

A peine les troupes françaises avaient-elles quitté la Régence que l'on apprenait à Tunis qu'une grande effervescence régnait parmi les populations des villes de Kairouan et de Sfax, fanatisées par les Ulémas qui y prêchaient la guerre sainte.

Des émissaires venant de Tripoli répandaient partout le bruit que Mohammed-el-Sadock nous avait vendu la Tunisie et que le Sultan allait envoyer quinze mille hommes pour chasser les Français.

Le 27 juin, les dissidents avaient scié les poteaux télégraphiques entre Gabès et Sfax et dans les premiers jours de juillet l'agitation était extrême dans toutes les villes du littoral. Des troubles assez sérieux avaient éclaté à Sfax, des coups de fusil furent tirés et plusieurs étrangers furent blessés. La présence de la canonnière française *Le Chacal*, empêcha de plus grands désastres.

Les Kalifas des villages de la côte recommandaient aux Européens de ne plus y venir traiter les affaires parce qu'ils ne sauraient répondre de leur vie. Des symptômes de troubles prochains se manifestaient également dans les tribus de l'intérieur et faisaient pressentir l'approche de graves inconvénients.

Au conseil des Ministres, il fut décidé, le 2 juillet, que des troupes françaises iraient à Sfax conjointement avec des troupes tunisiennes, afin de rétablir l'ordre dans cette ville. Le général Logerot, récemment promu au grade de général de division, fut nommé au commandement des deux brigades stationnées en Tunisie et arriva le 12 juillet dans cette ville. Le Bey, à la requête de M. Roustan, envoya environ 1,000 hommes de troupes tunisiennes qui devaient se joindre au 3° bataillon du 92° de ligne dont la composition en cadre d'officiers était la suivante :

MM. Ferré, Chef de Bataillon commandant le 3° bataillon.

Desblancs, Capitaine-adjudant-major.

<table>
<tr><td>

1ʳᵉ Compagnie.

MM. BERBIGUIER, Capitaine.
MARCHAND, Lieutenant.
D'HAILLY, Sous-Lieutenant

2ᵉ Compagnie.

IMBERT, Capitaine.
DURAFFOURG, Lieutenant.
MANGEOT, Sous-Lieutenant.

</td><td>

3ᵉ Compagnie.

MM. MARSAN, Capitaine.
LOUIS, Lieutenant.
TAUZIA DE LESPIN, S.-Lieut.

4ᵉ Compagnie.

BERTHELON, Capit. (entré à
l'hôpital à La Goulette).
GÉLAS-SAUVAIRE, Lieuten.
BERTRAND, S.-Lieutenant.

</td></tr>
</table>

Le 3 juillet le 3ᵉ bataillon du 92ᵉ de ligne quitte la Manouba pour aller s'embarquer à la Goulette à bord de la *Sarthe* (commandant Mendine). La colonne arrive à El-Aouïna à quatre heures du soir, pour repartir le 4 juillet à trois heures du matin pour la Goulette où elle arrive à dix heures. A son arrivée, la musique beylicale et une députation d'officiers envoyés par le Bey se portent à la rencontre du détachement pour lui souhaiter la bienvenue.

Arrivé à la Goulette le bataillon campe sur la place de la Marine. Le 6 juillet à six heures du matin commence l'embarquement ; l'opération est terminée à dix heures. A trois heures du soir *la Sarthe* lève l'ancre, pour se diriger sur Sfax où elle arrive le lendemain à une heure de l'après-midi.

L'escadre composée de 2 divisions ainsi qu'il suit :

<table>
<tr><td>

1ʳᵉ DIVISION.

du *Colbert.*
de *La Revanche.*
du *Friedland.*

Puis :

La Galissonnière.

de l'*Intrépide* (transport)

</td><td>

2ᵉ DIVISION.

du *Trident.*
de *La Surveillante.*
du *Marengo.*

Puis :

de l'*Alma*
(Capitaine de vaisseau MIOT).

de la *Reine Blanche*
(Commandant DE MARQUESSAC).

</td></tr>
</table>

D'autres bâtiments qui sont : *Le Chacal* déjà présent devant Sfax au moment du soulèvement des Sfaxiens. *Le Léopard* et plusieurs autres bâtiments étrangers dont la désignation suit : *le Monarch*, bâtiment anglais. *La Maria Pia*, cuirassé italien et *la Manoubia*, vaisseau tunisien à bord duquel se trouvent les 1,000 soldats tunisiens réguliers du Bey et un grand nombre de petits bateaux ayant à bord des réfugiés de la ville de Sfax, tous attenda'ent l'arrivée de *la Sarthe*.

A trois heures, MM. Ferré, chef de bataillon commandant le 92ᵉ (3ᵉ bataillon), Naquet, capitaine, commandant l'artillerie sont appelés à bord de *la Reine Blanche* où doit avoir lieu la réunion du conseil de guerre.

D'après les renseignements recueillis par le commandant en chef de l'escadre, la situation était la suivante :

Les Sfaxiens, au nombre de 25 à 30,000 armés de fusils se disposent à défendre la ville à outrance. Parmi eux se trouvent un certain nombre de soldats réguliers du Bey et un grand nembre de cavaliers; la plupart de ces Sfaxiens occupent la ville, d'autres sont réfugiés dans les jardins environnants attendant avec impatience le signal du combat.

A quatre heures du soir, une reconnaissance faite par *le Chacal* arrive à hauteur du fort blanc et ouvre le feu sur la batterie rasante (voir le croquis de Sfax). *La Pique* rejoint *le Chacal* et va s'embosser à quelques milles de la batterie du Môle (dite batterie rasante) et ouvre le feu sur cette batterie. Les Sfaxiens répondent vigoureusement, leur tir est assez étendu (de 2 à 2200 mètres) mais peu précis.

Le tir du *Chacal* et de *la Pique* a détruit deux pièces d'artillerie à l'ennemi, tué ou blessé plusieurs servants, effondré quelques petites maisons, mais les fortifications sont intactes.

Le 6 juillet (six heures du matin), le bombardement de la ville commence : l'escadre dirige son tir sur le Minaret et la batterie rasante. Les cuirassés tirent à 4,500 mètres, la canonnière à 2,700 et 3,000 mètres ; les résultats sont plus satisfaisants que la veille : le Minaret est atteint, beaucoup de maisons sont détruites (en partie) et plusieurs pièces d'artillerie mises hors de service (ces pièces sont immédiatement remplacées).

Malgré ces résultats, les Sfaxiens opposent toujours une grande résistance. Les réguliers tunisiens qui se trouvent à bord de *la Manoubia*, applaudissent les Sfaxiens et annoncent même leur intention de se joindre à eux. Aussi nous inspirent-ils peu de confiance; des mesures énergiques vont être prises soit pour les ramener à Tunis ou les conduire aux îles de Kerkenah. En attendant le départ, le commandant en chef donne l'ordre au commandant de *la Manoubia* de prendre toutes les précautions nécessaires pour parer aux éventualités en cas d'émeute. Une quantité d'eau relativement considérable est sous pression ; deux ou trois pompes sont prêtes à fonctionner au premier signal.

A cinq heures et demie, le feu cesse. Le conseil de guerre se réunit, reconnaît qu'un débarquement est dangereux devant une batterie mal éteinte et des fortifications en bon état, décide la continuation du bombardement ; tous les navires devront tirer sur la Casbah, y produire une brèche pour en faciliter ainsi l'accès aux troupes de débarquement. L'occupation de la ville entière (1,800 mètres de fortification environ) paraît difficile par une petite colonne de 6 à 800 hommes.

A six heures le feu recommence mais ne produit aucun effet. Les murs de la Casbah, d'une épaisseur moyenne de 3 à 4"",50, restent intacts. A la suite de cet insuccès, *la Pique* part pour Tunis rendre compte des résultats obtenus et en même temps de la situation.

Le lendemain, 7 juillet, une nouvelle reconnaissance composée de

MM. Beaulieu, capitaine de frégate (de *l'Alma*).
Ferré, chef de bataillon, commandant le 92".
Naquet, capitaine d'artillerie.
Massenet, enseigne de vaisseau, explore la côte.

A dix kilom. au sud de Sfax, au point reconnu le plus favorable, le canot s'échoue dans la vase par 1"",10 de fond et à 1,200 mètres du rivage ; afin de pouvoir s'en rapprocher davantage, la reconnaissance quitte le canot pour monter sur un youyou, s'avance ainsi à 600 mètres du rivage par 25 centimètres d'eau ; la gaffe enfonce complètement dans la vase ; un matelot, par son propre poids, enfonce jusqu'au cou. La reconnaissance, ne pouvant aborder, longe le rivage et se dirige devant Sfax à hauteur de la batterie rasante ; là à une distance de 1,200"" environ pas le moindre fond d'eau, elle est saluée au passage par plusieurs coups de canons, dont un fort bien pointé ; elle répond par quatorze coups de Hotchkiss (canons-revolvers). Cette riposte inattendue encourage la défense, et permet à l'ennemi de faire plusieurs salves d'artillerie obligeant ainsi la reconnaissance à battre en retraite, qui néanmoins, a pu constater ce qui suit :

1° La batterie rasante est armée de 16 pièces de canons ;

2° Les fortifications ont peu souffert ;

3° Il n'existe de brèche nulle part ;

4° Les murs ont une élévation de 10 à 12 mètres, les tours et bastions 15 mètres environ ;

5° Le seul chenal permettant d'aborder en bateau se trouve situé devant la batterie rasante qui est casematée et renforcée en terre ;

6° Toutes les brèches faites par le tir de l'escadre ont été réparées pendant la nuit.

A la suite de cette reconnaissance, une nouvelle réunion du conseil est décidée. Le débarquement ailleurs qu'au chenal est reconnu impossible. Nécessité est d'éteindre la batterie rasante. *Le Chacal* reçoit l'ordre de se rendre aux Iles Kerkenah pour reconnaître un point de débarquement, et y déposer les soldats tunisiens si les circonstances l'exigent ; réquisitionner en même temps toutes les barques ou mahones nécessaires pour opérer le débarquement des troupes françaises devant Sfax.

Le 8 juillet à quatre heures du soir, le bombardement continue, les cuirassés ouvrent le feu ; les deux canonnières et plusieurs petites embarcations armées en guerre se portent en avant pour diriger leur feu sur la batterie rasante. L'ennemi répond, les Sfaxiens croient à un débarquement réel. Des nuées de cavaliers et de fantassins sortent des jardins ; le feu est alors momentanément dirigé sur les cavaliers qui sont obligés de se disperser, l'ennemi éprouve des pertes assez sérieuses. L'attaque de vive force et le débarquement sont définitivement arrêtés. Les journées des 10, 11 et 12 juillet sont consacrées aux préparatifs de débarquement.

Le 13 juillet, on se prépare pour la fête nationale.

Le 14 juillet, au matin, toute l'escadre est pavoisée, la musique de la flotte se fait entendre, le temps est superbe, de nombreuses salves d'artillerie tirées à blanc font croire à l'ennemi que les Français se battent entre eux.

Le 15 juillet à six heures du matin, commence le bombardement définitif sur toute la ligne ; — le tir est parfaitement réglé. Les cuirassés, malgré leur mouillage éloigné, lancent sur la ville, avec une grande précision, les énormes projectiles (de 150 kilog.) de leurs canons de 24 et de 27 qui détruisent une partie des fortifications et de nombreux édifices dont quelques-uns sont en feu.

A partir de neuf heures du soir on utilise la lumière électrique et le bombardement continue toute la nuit, les Sfaxiens sont terrifiés, ils

— 24 —

croient que le Schitan (le diab!) se met de la partie en faisant chorus
avec les Français pour exterminer les Arabes.

A neuf heures un quart, le 3ᵉ bataillon du 92ᵉ à bord de *la Sarthe*
(moins la 1ʳᵉ compagnie qui se trouve à bord de *la Reine Blanche*)
reçoit l'ordre suivant :

Ordre général Nᵒ 24.

« Un ordre général nᵒ 24 du 11 juillet 1881 du commandant en chef
» des troupes françaises devant Sfax prescrit :
» Sfax sera attaqué de vive force par mer à un moment déterminé
» par un ordre subséquent.
» L'attaque générale sera dirigée par M. le capitaine de frégate de
» Marquessac, commandant supérieur. Les dispositions arrêtées dès à
» présent sont les suivantes en ce qui concerne le 92ᵉ.
» Le débarquement se fera en deux colonnes aboutissant : celle de
» droite 3ᵉ et 4ᵉ compagnies au port d'embarquement de l'Alfa, celle de
» gauche 1ʳᵉ et 2ᵉ compagnies au Warf devant la batterie Môl. En avant
» de chaque colonne s'avancera une ligne de quatre baleinières portant
» les compagnies de débarquement de la flotte. La colonne de gauche
» sera commandée par le commandant Ferré et se composera de huit
» mahones portant chacune une section, mahones de gauche 1ʳᵉ compa-
» gnie nᵒˢ 17, 20, 21 et 22, mahones de droite 2ᵉ compagnie nᵒˢ 0, 10,
» 14 et 15.
» L'attaque de droite sera commandée par M. le capitaine de frégate
» de Courtivron, la colonne de droite sera remorquée par le canot à
» vapeur de *l'Alma*, remorquant la 3ᵉ compagnie, 1ʳᵉ, 2ᵉ et 3ᵉ sections
» dans la mahone nᵒ 2 et la 4ᵉ section dans la mahone nᵒ 12. Et les
» 3ᵉ et 4ᵉ sections de la 4ᵉ compagnie dans la mahone nᵒ 13 et remor-
» quant à droite.
» Mahone nᵒ 8, artillerie et munitions, Mahone nᵒ 3, les deux sec-
» tions de la 4ᵉ compagnie.
» Chacune de ces colonnes marchera flanquée de deux canots à
» rames qui prendront à la remorque la colonne la plus voisine lorsque
» le canot à vapeur ne pourra plus avancer. Le croquis de ces dispo-
» sitions sera communiqué et chaque compagnie en prendra ce qui la
» concerne. A un signal donné, les navires et les embarcations ouvri-
» ront le feu convergent sur la batterie rasante. La colonne de gauche

– 25 –

» se tiendra à hauteur de *la Pique*, la colonne de droite se tiendra à
» hauteur du *Chacal*. Ces deux colonnes ne se porteront en avant que
» lorsque le feu de la batterie rasante sera éteint, et que l'ordre en sera
» donné. Elles se dirigeront alors vers les Warfs respectifs, vers les-
» quels elles doivent débarquer. En descendant à terre, la 1re compa-
» gnie de la colonne de gauche aura pour mission première de détruire
» la batterie rasante et de s'établir ensuite de manière à défendre le
» passage par la gauche entre la Kasbah et le rivage.

» La colonne de droite se portera immédiatement sur la gauche en
» mettant le feu aux alfas ou en les utilisant suivant les circonstances
» pour défendre le passage entre la plage et le rivage à l'angle N.-E.
» de la fortification. Cela fait, les compagnies de débarquement aidées
» des torpilleurs feront sauter le mur d'enceinte du quartier européen
» au-dessous de la batterie dans la porte d'entrée et s'y établiront. Les
» troupes, placées à droite et à gauche, travailleront immédiatement à
» faire une tranchée pour barrer l'arrivée de l'ennemi sur l'esplanade
» de la batterie rasante. On opérera ensuite suivant les circonstances
» et avec la plus extrême prudence.

» Dans le cas où on se trouverait dans l'obligation de marcher en
» retraite, les compagnies de débarquement auront pour mission spé-
» ciale de protéger l'embarquement des troupes et ne devront quitter
» le sol que lorsque tout le monde sera embarqué.

» On délivrera à chaque homme, avant de partir, 1/4 de vin qu'il
» mettra dans son bidon et deux galettes de biscuit.

» *Tenue.* — Képi. Capote, pantalon gris, couvre-nuque dans la
» poche de la capote.

» On portera toutes les cartouches, savoir :

» Six paquets dans la cartouchière ; deux ou trois paquets défaits
» dans l'étui-musette auquel on fera, au moyen d'une couture, un petit
» compartiment pour séparer les cartouches des vivres.

» Les sacs seront faits d'avance, d'une façon très solide, et rangés
» dans les batteries de manière à pouvoir être facilement transportés
» à terre. Trois caisses de munitions de réserve seront embarquées sur
» le canot de *la Sarthe* faisant partie de l'attaque de gauche. Le capi-
» taine-adjudant-major du 92e en aura la surveillance et la direction
» après le débarquement.

Signé : GARNAULT, vice-amiral.

P. C. C. : *Signé* : V. DURAFFOURG.

DISPOSITIONS PRISES POUR LE DEBARQUEMENT (colonne de gauche)

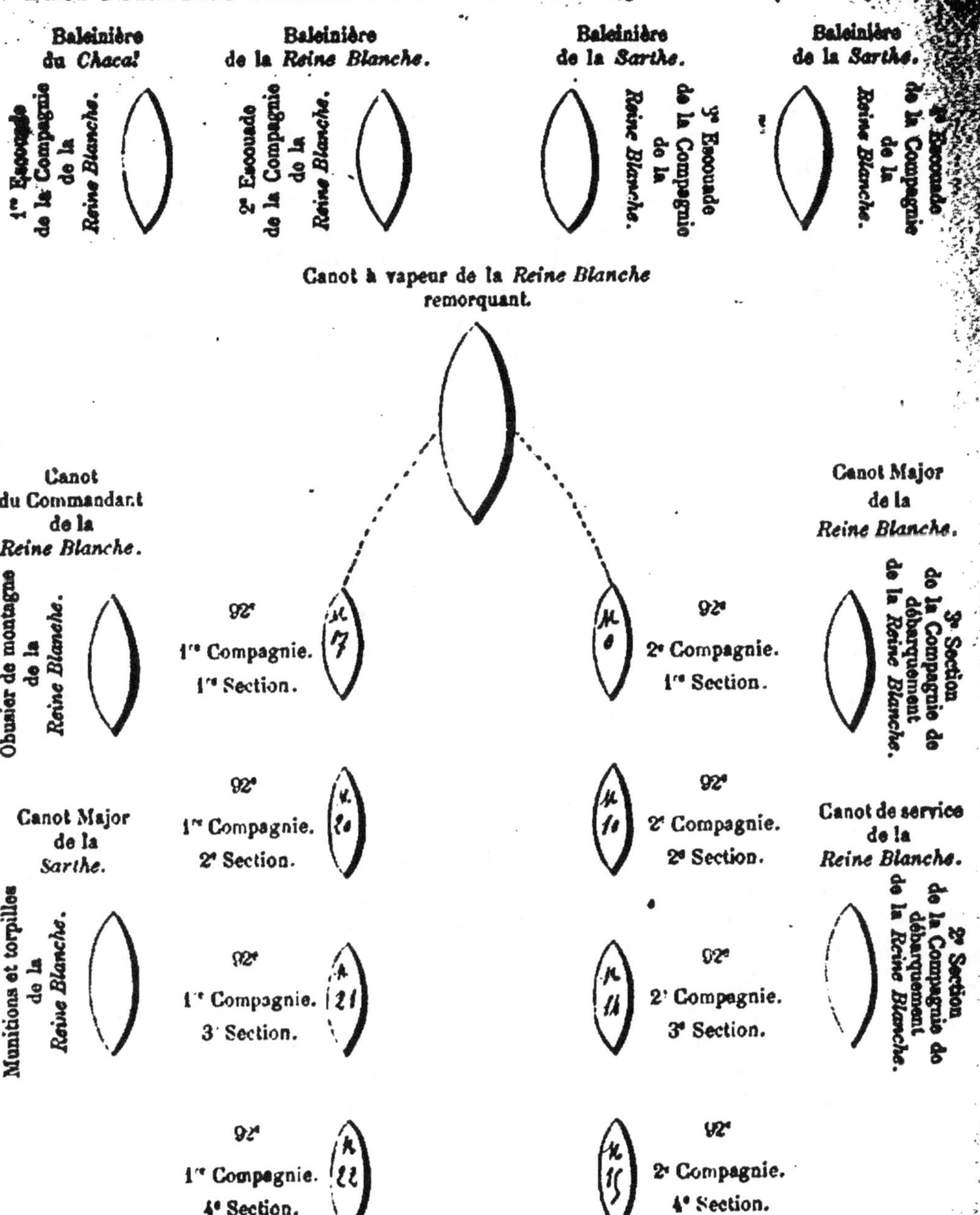

OBSERVATIONS. — Les mahones 17, 20, 21, 22 seront prises à la remorque par les deux canots de gauche dès que le canot à vapeur ne pourra plus avancer.

Les mahones 9, 10, 11, 15 seront prises à la remorque par les deux canots de droite dès que le canot à vapeur ne pourra plus avancer.

Prise de Sfax le 16 juillet.

Après un bombardement de plusieurs jours et conformément aux ordres de la veille, l'attaque de vive force est décidée pour le 16 juillet.

Dès 2 heures du matin, le 92ᵉ s'embarque sur les canots et chaloupes de *la Sarthe* auxquels est joint un certain nombre de mahones sur lesquelles les troupes seront définitivement embarquées. Ces mahones ont été réquisitionnées depuis plusieurs jours en vue du débarquement.

4 heures matin. — Toutes les embarcations remorquées par des canots à vapeur, se dirigent sur la première ligne des canonnières. Le bombardement auquel prennent part tous les navires recommence avec la plus grande intensité.

5 heures. — Les deux colonnes d'attaque attendent derrière la ligne des canonnières le moment de la marée montante pour reprendre le mouvement.

5 heures 1/2. — Au signal donné par le commandant de l'attaque chaque colonne se met en marche, précédée d'une ligne de canots armés en guerre, qui font feu en avançant et couvrent la plage de projectiles. La colonne de droite, ainsi protégée, se dirige sur le port des Alfas où elle doit débarquer. Mais bientôt le fond manque et les canots d'avant-garde reconnaissent qu'il sera impossible de débarquer sur ce point.

La colonne oblique alors à gauche, défilant derrière des canots armés, et se dirige vers le Warf du Môle, où convergent les deux attaques, pour profiter du seul chenal praticable.

Les canots à vapeur ne peuvent bientôt plus avancer et abandonnent la remorque. Les chalands sont obligés de se porter à la gaffe, tandis que les canots les plus légers commencent un va-et-vient entre les embarcations chargées de la côte. Un radeau provisoire poussé par les marins a été échoué pour servir à la descente.

Le débarquement des marins et du 92ᵉ s'opère *simultanément* sous la protection des embarcations armées qui se sont déployées à droite et à gauche du Warf et font converger leurs feux sur la batterie rasante et les forts du Nord situés un peu en avant du point de débarquement.

6 heures. — L'aviso *Le Léopard* hisse le pavillon 1, ce qui signifie que les embarcations peuvent accoster. Le bombardement, qui a

continué jusqu'à ce moment (deux obus éclatent presque sur nos têtes, fort heureusement que personne n'est atteint) avec la plus grande violence, cesse aussitôt que le débarquement a commencé, afin de ne pas atteindre les troupes.

L'intensité du feu de l'artillerie a empêché les Arabes de se tenir dans les défenses avancées de la place. Aussi les compagnies peuvent prendre pied sans éprouver aucune perte.

La 2ᵉ compagnie débarque la première, se forme immédiatement en colonne de compagnie, puis se porte rapidement dans la direction du fort Blanc.

Une compagnie de débarquement de la marine se dirige sur le même point ; les deux troupes obliquent à droite et à gauche pour profiter de l'abri d'un marabout et d'une construction en ruines qui les protègent contre les feux directs partant du fort Blanc. Les Arabes en assez grand nombre ont eu le temps de revenir réoccuper le fort aussitôt que le bombardement a cessé.

Il faut arriver au pied du fort, traverser le passage compris entre le marabout et les murailles de la ville européenne. Tandis que les marins dirigent sur les créneaux une fusillade nourrie, la 2ᵉ compagnie, entraînée par le lieutenant, franchit ce passage par section, au pas gymnastique, se dirige dans l'angle mort et cherche à escalader les murailles ; mais cette opération est reconnue impossible, le fort n'ayant pas été battu en brèche suffisamment pour permettre l'escalade ; néanmoins les soldats Chevalier, Caron, Lachenal, dirigés par le lieutenant s'élèvent sur les épaules de leurs camarades et parviennent à se hisser à hauteur de la batterie du premier étage, où ils s'emparent de quatre drapeaux placés aux embrasures. Deux d'entre eux sont blessés.

A ce moment arrive la 1ʳᵉ compagnie qui, aussitôt débarquée, s'est dirigée sur le même point. Passant entre le cimetière catholique et les murailles de la ville, cette compagnie se porte vivement à l'attaque de la redoute des Alfas ; elle est suivie d'une section de la marine et de la 2ᵉ compagnie qui a dû renoncer à l'escalade du fort Blanc.

Une vive fusillade venant en face de la redoute et à gauche des murailles de la ville, tue le soldat Calabrès de la 1ʳᵉ compagnie et trois fusiliers marins, blesse 15 hommes de la 1ʳᵉ compagnie et 7 de la 2ᵉ compagnie.

La redoute est enlevée et les nombreux Arabes qui la garnissaient sont obligés de s'enfuir sur la plage, laissant leurs morts et leurs blessés. Les deux compagnies entrées dans la redoute les poursuivent de leurs feux et leur font encore éprouver des pertes sensibles sur le terrain découvert qu'ils sont forcés de traverser pour se réfugier dans les jardins.

La 3e compagnie avait été retenue par le commandant de l'attaque et envoyée le long de la plage vers l'angle S. E. des fortifications de la ville, pour protéger à gauche l'attaque des marins sur la ville européenne.

La 4e compagnie, débarquée un instant après la 3e, s'est aussitôt dirigée, en passant auprès des murailles sur la redoute des Alfas ; cette compagnie exécute un feu lent sur les créneaux garnis d'Arabes.

Pendant ce temps, les deux premières compagnies de la section des marins, sortant de la redoute, se sont déployées face aux murailles de la ville formant vers le nord une ligne continue qui entretient un feu ajusté sur la ville.

Les Arabes, refoulés dans les jardins, viennent alors réoccuper le cimetière musulman, les citernes, l'huilerie et les marabouts qui se trouvent au nord de la ville ; de là, ils inquiètent par leurs feux la droite de notre ligne. Le commandant du 1er peloton (lieutenant Duraffourg) formant la droite de la chaîne, voyant les nombreux cavaliers arabes qui se portaient en avant sur notre flanc droit, cherchant à nous forcer à battre en retraite, fit immédiatement exécuter un crochet défensif à droite et ouvrir un feu rapide pour repousser l'ennemi et l'obliger à battre en retraite ; malgré sa force numérique, l'ennemi fit demi tour non sans avoir éprouvé des pertes sensibles.

Dès que l'ennemi fut repoussé, quelques hommes furent immédiatement employés à la construction d'abris improvisés au moyen de varech qui se trouvait à proximité de la plage.

M. de la Motte, enseigne de vaisseau de la *Surveillante*, qui se trouvait à la gauche du 1er peloton de la 2e compagnie du 92e de ligne, voyant la droite de la chaîne s'abriter derrière des abris improvisés, en fit autant pour abriter ses marins, ce qui nous permit de continuer la poursuite à coups de fusils et parer à une nouvelle tentative de l'ennemi sans éprouver des pertes sérieuses.

Pendant ce temps, la 1re compagnie et le 2e peloton de la 2e compagnie se portent en avant sur la gauche, délogent les Arabes successivement de l'huilerie, des marabouts et du cimetière et les refoulent définitivement vers les jardins.

Cette opération ne s'est pas faite sans pertes sensibles de notre côté. M. Marchand, lieutenant, M. d'Hailly, sous-lieutenant, l'adjudant

Thierry et 10 hommes de la même compagnie, un sergent et quatre hommes du 1er peloton de la 2e compagnie sont grièvement blessés.

Le mouvement a eu pour résultat de débarrasser la droite de la ligne du feu très gênant entretenu par les Arabes qui combattaient hors de la ville ; mais la 1re compagnie et le 2e peloton de la 2e compagnie se trouvaient former un échelon trop avancé, exposé de face au feu partant des jardins, et recevant par derrière les projectiles partant des murailles nord de la ville. De plus, la présence de nombreux cavaliers sur la plage, vers le Nord-Est, donnait des craintes pour la sécurité de cette aile de la ligne ; l'ordre est donné aux deux compagnies de se reporter en arrière et d'occuper le revers d'un pli de terrain qui abrite suffisamment les hommes couchés près de la mer et parallèlement à celle-ci.

8 heures. — A ce moment, la 3e compagnie distraite du bataillon, comme on l'a vu précédemment, rejoint le commandant Ferré, qui profitant du répit occasionné par le ralentissement du feu, fait relever sur la ligne la 1re compagnie par la 3e, la 2e par la 4e. Une compagnie du 93e de ligne qui vient de débarquer, est envoyée comme renfort au 92e ; cette compagnie est placée en réserve derrière la redoute des Alfas.

Le feu continue sur les Arabes qui défendent encore les murailles et dont le nombre diminue peu à peu, par suite des progrès que fait l'attaque des marins dans l'intérieur de la ville. La résistance se concentre encore dans les jardins d'où part une fusillade assez nourrie, mais éloignée, qui ne nous cause aucune perte.

Un grand nombre de cavaliers arabes, tenus jusqu'alors à distance par la portée de nos armes, se forment de nouveau sur la plage et viennent chevaucher à quelques centaines de mètres de notre droite ; des feux de salves, exécutés par la 3e compagnie, les font disparaître.

9 heures. — Quatre pièces d'artillerie, mises par la marine à la disposition du chef de bataillon, sur sa demande, viennent prendre position sur le bord de la mer, au nord de la redoute des Alfas ; quelques obus lancés dans les jardins mettent en fuite les derniers défenseurs qui restaient hors de portée.

Pendant ce temps, l'attaque des marins avait complètement réussi. Le quartier arabe avait été parcouru dans toute son étendue ; à 9 heures 1/2 précises, les marins abattent le dernier drapeau musulman qui flottait sur la tour nord. La résistance est entièrement tombée.

Sur l'ordre du colonel Jamais, commandant les troupes de débarquement, la 4ᵉ compagnie est laissée en grand-garde; elle surveille tout le terrain compris entre les marabouts et la mer.

10 heures. — Le reste du bataillon est rassemblé dans l'intérieur de la redoute des Alfas.

L'amiral Garnault rentre à son bord et témoigne sa satisfaction à l'armée. Le soir un ordre du jour est affiché dans les batteries, qui félicite les commandants, les officiers et les équipages.

« Chacun s'est dévoué, avec quelle ardeur! L'amiral ne l'oubliera
» pas; aux préparatifs de cette opération difficile, des corps de troupes
» et de débarquement se sont élancés à terre avec un entrain et une
» vaillance qui ont fait l'admiration de tous et qui ne se sont pas
» démentis un seul instant. L'amiral est fier de commander à de tels
» hommes. »

Midi. — Par ordre du commandant de la place, les deux premières compagnies entrent dans la ville arabe et occupent la Kasbah et l'angle sud des fortifications. Le commandant de la place prescrit le jour même des perquisitions dans toutes les maisons, pour retrouver les derniers Arabes qui s'y sont réfugiés et s'y défendent à outrance.

La 2ᵉ section de la 2ᵉ compagnie, en faisant des perquisitions, pénètre dans une mosquée où se trouvent une vingtaine d'Arabes qui font feu sur nos soldats au moment où ils veulent entrer. Le soldat Caron est blessé; le blocus de la mosquée est organisé jusqu'à l'arrivée d'un officier torpilleur de la marine (M. de Brème) qui fait sauter la maison et ensevelit les Arabes sous ses ruines; deux soldats sont légèrement blessés par suite de l'éboulement.

Officiers blessés : MM. Marchand, lieutenant et d'Hailly, sous-lieutenant.

Troupes. Sous-officiers et soldats tués : 4; blessés : 25.

Le commandant Ferré signale comme s'étant particulièrement distingués: les deux premières compagnies; d'Hailly, sous-lieutenant; Thierry, adjudant; Rampon, sergent; Chevalier, Caron, Lachenal, Deloye et Gervais, soldats. Le soir même, le commandant Ferré remet au chef de la colonne expéditionnaire cinq drapeaux pris à l'ennemi dont deux par la section commandée par le lieutenant Duraffourg et dont suit la copie d'une attestation signée par le chef de bataillon Ferré et le capitaine Imbert de la 2ᵉ compagnie.

« Les soussignés, Ferré, Frédéric, chef de bataillon, commandant
» le 3ᵉ bataillon du 92ᵉ de ligne, et Imbert, capitaine, commandant la
» 2ᵉ compagnie du 3ᵉ bataillon, certifient que Monsieur Duraffourg,
» lieutenant à la 2ᵉ compagnie dudit bataillon, a, dans la matinée du
» 16 juillet (prise de Sfax), contribué à la prise de deux drapeaux enle-
» vés à l'ennemi, sur le fort Blanc, en marchant à la tête de sa section.
» Ces drapeaux ont été rapportés par les soldats Chevalier et Caron
» de la 2ᵉ compagnie du 3ᵉ bataillon, 1ᵉʳ peloton, 2ᵉ section). »

Signé: F. FERRÉ, chef de bataillon;
Signé: IMBERT, capitaine.

A la suite de ce fait d'armes, les récompenses suivantes ont été accor-
dées aux militaires du 3ᵉ bataillon.

Par décret du 10 août 1881, M. d'Hailly, sous-lieutenant, est nommé
chevalier de la Légion d'Honneur;

Sont décorés de la médaille militaire (même décret): Rampon, sergent; Larzat, caporal; Braillon et Caron, soldats.

Par décret du 30 septembre 1881, l'adjudant Thierry est promu sous-
lieutenant au corps;

Par décret du 5 octobre 1881, M. Ferré, chef de bataillon, est nommé
chevalier de la Légion d'Honneur.

Sont décorés de la médaille militaire :

Poulet, Virole, Thomas, Bluem, Gavend, Sardin, Garaud, Bruisset,
Joslet et Préneuf, soldats.

Ouvrages consultés; Archives :

Rapports officiels.
Situations et correspondance.
Journal de marche du 3ᵉ bataillon, etc., etc.
Notes conservées par l'auteur (témoin oculaire).
Tunisie, par G. Niel, etc.

RICHESSES DE LA TUNISIE

Pour terminer cette notice, je vais essayer de résumer aussi brièvement que possible l'ensemble des richesses de la Tunisie; en faisant simplement une description très succincte.

Depuis que la Tunisie est sous la domination française, c'est-à-dire depuis 1881, les nombreux étrangers qui ont parcouru la Régence sont frappés de la richesse de la Tunisie, et, lorsque nous aurons remédié, comme les Romains l'avaient fait, à la sécheresse naturelle dans les régions du centre et du sud, en créant des puits, des citernes et des conduites d'eau, nous reconnaîtrons que l'histoire n'exagère rien en parlant du *Grenier de Rome*.

La Tunisie est un pays d'une extrême fertilité : tout le littoral, le Sahël, les oasis du sud, sont couverts de merveilleuses cultures, on s'y croirait perpétuellement dans le plus beau des jardins; la plaine de la Medjerla n'est guère moins féconde ; elle fournit en abondance du blé, de l'orge, du sorgho, des olives, et bientôt nous aurons des vignes superbes. La Compagnie Bône-Guelma a déjà fait des plantations considérables.

Les forêts de la Kroumirie sont remplies de chênes-liége et de chênes verts dont l'exploitation donnera les meilleurs résultats. Le long de la côte Est, depuis le cap *Bon* jusqu'à *Zarzis*, s'étend une sorte de ruban de bois d'oliviers d'une profondeur de quelques kilomètres. Leur production dans les bonnes années suffit presque à la fortune du pays tout entier; la plaine de Kérouan, bien que couverte par les eaux une partie de l'année, peut porter les plus belles moissons; la région qui avoisine Tabarka possède à la fois des forêts, des pâturages, des mines de fer et de plomb ; l'industrie pastorale, qui domine dans tout le centre de la Tunisie, exportera des milliers de moutons; les oasis du Sud, la province du Djerid, produisent peut-être les meilleures dattes du monde; le centre et le sud de la régence possèdent d'immenses plaines d'alfa ; l'île de Djerbah est une forêt où les oliviers atteignent des dimensions inconnues même dans le Sahël, l'oasis de Técape ne semble pas au-dessous de sa réputation historique.

« M. Tissot, dans sa *Géographie comparée de la province romaine*

» *d'Afrique*, rappelle la description faite par Pline le Jeune de l'oasis
» de Técape. Là, sous un palmier très élevé, croît un olivier, sous
» l'olivier un figuier, sous le figuier un grenadier, sous le grenadier la
» vigne ; sous la vigne on sème le blé, puis des légumes, puis des
» herbes potagères, tous dans la même année, tous s'élevant à l'ombre
» les uns des autres. » Très certainement il y a là une très grande
exagération, mais néanmoins pour qui connaît ce pays que la nature a
si merveilleusement doté, il y a beaucoup de vrai ; ce pays est ouvert
aux colons et aux capitaux français ; ils peuvent y introduire des
cultures, améliorer les anciennes, diriger la production indigène, en un
mot, mettre aux mains du paysan tunisien la charrue européenne.

Les résultats constatés jusqu'à ce jour autorisent de grandes espérances. La Tunisie a eu la bonne fortune d'être occupée vigoureusement dès que la nécessité s'est fait sentir, et à part Sfax, presque sans
combat. Les polémiques de la presse ne l'ont point discréditée dans
l'opinion publique, aussi les voyageurs et les capitalistes de la Métropole y sont-ils venus en grand nombre. C'est là, on ne saurait trop le
remarquer, une des principales différences que l'on observe en étudiant
les débuts de la colonisation en Tunisie comparés à ceux de l'Algérie.

Tandis que la période de conquête s'est prolongée 27 années dans la
Régence d'Alger, elle a duré quelques mois à peine dans la Régence
de Tunis. L'expédition, commencée le 22 avril, était terminée le 31 mai
sans effusion de sang. Il est vrai que le rappel précipité d'une partie du
corps expéditionnaire fut une des causes de l'insurrection de Sfax.
Mais la prise de cette ville (le 16 juillet 1881) fit disparaître toute idée de
révolte. Depuis lors, la tranquillité du pays a été complète, de nombreux colons sont installés sur le territoire, des touristes venus seulement pour visiter le pays y ont acheté des terres. On estime que vers la
fin de 1888, près de 250,000 hectares de terrain auraient été achetés par
les Européens et qu'une somme de 25 millions de francs a été employée à
l'achat et à la mise en valeur de ces terres. A la vérité, le magnifique
domaine de l'Enfida est compris dans le chiffre des terres achetées par
les Européens. On sait que ce domaine appartient à la société Franco-
Africaine, fondée en 1881, par la société Marseillaise qui avait acquis
l'Enfida du général Khéireddine. L'Enfida est compris dans le quadri-
latère formé par les villes de Hammamet, Sousse, Kairouan et
Zaghouan. Sa population est d'environ 12,500 habitants.

La société Franco-Africaine dispose malheureusement d'un capital
très insuffisant pour mettre en valeur un domaine aussi considérable.

L'étendue est d'environ 122,000 hectares. Si l'on excepte ses plantations de vignes qui, à la vérité, promettent un grand développement, elle fait peu de culture directe ou de métayage ; ses terres sont louées aux indigènes qui continuent à cultiver avec leurs charrues primitives. Le plan poursuivi par la société paraît être double; d'une part, accroître chaque année l'étendue de son vignoble; d'une autre, vendre des terres aux colons autour du petit centre de Dar-el-Bey, en mettant à la disposition de ceux qui feront de la vigne le superbe cellier qu'elle vient de construire, afin de les dispenser des frais énormes d'un outillage vinaire.

On peut acquérir un domaine de 200 à 4 et 500 hectares au prix de 100 à 300 fr. l'hectare, suivant sa situation et sa fertilité. Si l'on calcule qu'il faut défricher cette terre, y construire des bâtiments, attendre les récoltes, on jugera qu'un capital de 150 à 200,000 francs est nécessaire pour faire œuvre qui vaille, soit comme vigneron, soit comme éleveur. Quant aux grandes propriétés, elles nécessitent des capitaux plus considérables, 1 million et même 1,500,000 francs réunis entre quelques personnes suffisamment riches, formant entre elles une société amicale. (1)

Faut-il conclure de ces chiffres et des faits observés jusqu'à ce jour que la Tunisie ne se prête pas à l'installation de petites propriétés dirigées par des Français ? Nous ne le pensons pas, bien que cette opinion ait été soutenue. La culture des céréales et celle de la vigne n'exigent pas de grands espaces; la première est en outre rémunératrice dès la première année. L'une et l'autre peuvent être entreprises dans de bonnes conditions sur une étendue de quelques hectares par une famille de petits propriétaires ou vignerons du Midi.

Depuis quelques mois, la société de l'Enfida a mis en vente aux environs de Dar-El-Bey, des lots de bonne terre d'une contenance de 10 hectares, au prix de 125 à 145 francs l'hectare. Mais c'est là un prix assez élevé et il est possible de trouver des terres à moins: dans la vallée de la Medjerda, on a un hectare de bon terrain pour 100 francs et, dans la région de Zaghouan, pour 50 ou 55 francs. Il ne semble donc pas que pour acheter une petite propriété de 10 à 15 hectares, la défricher, la planter, y construire une habitation, il soit nécessaire de

---

(1) La Colonisation française en Tunisie. *Revue des Deux Mondes*, par Leroy-Beaulieu.

posséder un capital de 10 à 20,000 francs et 25,000 francs au maximum. Il est donc permis de dire que l'établissement et le succès de petits colons ou de petits propriétaires est possible et je dirai même désirable. La grande et la moyenne propriété n'amèneront dans la Régence qu'un personnel français insuffisant de régisseurs, propriétaires, chefs de culture ou maîtres vignerons ; la constitution de la petite propriété pourrait y amener, au contraire, d'ici 20 ou 30 ans, un élément français sérieux, attaché au sol, établi au milieu des indigènes, faisant un utile contre-poids à la population italienne et maltaise.

La passion de la vigne dominera en Tunisie comme en Algérie. Les capitalistes espèrent retirer de cette culture un bénéfice considérable. En 1888, on estimait à 2.500 hectares environ les plantations de vignes indigènes et l'on supposait que les boutures produites par ces 2,500 hectares ne suffiraient pour les plantations nouvelles. Dans cette même année, 150 hectares plantés de vignes parvenues à la troisième feuille ont produit sur le domaine de l'Enfida 2,600 hectolitres d'un vin titrant 10 à 11 degrés, qui s'est, paraît-il, vendu à un prix très rémunérateur. De pareils résultats donnent aux colons les plus grandes espérances ; ils n'hésitent pas à penser que dans trois ou quatre ans ils fourniront jusqu'à 80 et 100 hectolitres à l'hectare et rapporteront 30 à 35 % du capital engagé. Ces évaluations me paraissent un peu trop optimistes, mais il n'est pas douteux que la vigne puisse devenir dans quelques années, une richesse considérable pour la Tunisie et une source de fortune pour ses colons. On admet assez généralement, en effet, en prenant pour base des chiffres modérés, quant au rendement et au prix de vente et en tenant compte des frais d'exploitation, qu'un vignoble peut donner un bénéfice net de 15 à 18 %. Jusqu'ici, le phylloxera, qui a fait son apparition à Constantine, n'a donné aucune inquiétude aux colons tunisiens : leurs vignes sont jeunes, plantées dans des terrains favorables ; elles se développent dans de bonnes conditions, toutes les précautions jugées nécessaires ont été prises. L'importation de tout cépage est formellement interdite en Tunisie. Il est donc permis de penser que si l'insecte ne se développe pas plus en Algérie qu'en Tunisie, l'Afrique française sera vers la fin de ce siècle ou au commencement de l'autre un des principaux celliers de l'Europe. Pour obtenir de bons résultats, il est nécessaire de surveiller sérieusement la culture, la main-d'œuvre, la taille, les soufrages, les différents soins qu'il faut donner aux ceps pour les préserver des maladies et ces différents travaux ne peuvent être faits que par des mains européennes ; les Arabes ne possèdent pas l'intelligence et n'ont pas l'habitude voulue pour être employés à ces différentes opérations, néanmoins on peut les utiliser pour le labourage, moyennant 1 fr. à 1 fr. 80 par jour. Parmi les ouvriers, on a le choix entre les Français, les Maltais ou encore les Siciliens : les premiers sont les plus chers, le prix de la journée de travail revient de 4 à 5 francs et même de 5 à 6 francs les contre-maîtres et chefs vignerons, tandis que les Siciliens ne reviennent qu'à 3 francs. En dehors de la culture de la vigne, d'autres entreprises peuvent être signalées et méritent notre attention ce sont : 1° La culture des céréales qui doit être mise au premier rang ; il faut donc que la Tunisie puisse produire en grand pour alimenter la Métropole : 2° L'industrie pastorale qui domine dans toute la région du centre est susceptible d'une large extension. La société Franco-Africaine a tenté d'acclimater dans la Régence des moutons venus de Sétif, qui eussent été préférés par le commerce d'exportation aux moutons tunisiens ; malheureusement les résultats obtenus jusqu'ici ont été peu satisfaisants.

Si l'on consulte les statistiques douanières, on est frappé de ce fait que la Tunisie n'exporte pas de moutons, alors que l'Algérie en fait un commerce considérable. Ce fait doit-il être attribué à la mauvaise qualité du mouton tunisien ? Je ne le pense pas et beaucoup de personnes sont comme moi ; j'estime que le mouton tunisien vaut le mouton algérien. Du reste, comme preuve à l'appui, le 92° de ligne (2° bataillon) a parcouru la Régence presque du Nord au Sud et de l'Est à l'Ouest, et partout nos soldats ainsi que les officiers ont pu constater qu'en général le mouton est de bonne qualité, d'un prix peu élevé ; au début de l'expédition de Tunisie, j'étais officier d'approvisionnement de la colonne de Zaghouan, j'ai été à même de juger du prix de revient et de la qualité. Pour la modique somme de 5 à 10 francs on se procurait de superbes moutons à Béja et à Zaghouan, dont le poids variait entre 10 et 35 kilog. Depuis, il est vrai que tout a augmenté de prix ; néanmoins les moutons tunisiens se vendront sur les marchés français et italiens tout aussi bien que les moutons algériens, lorsque le droit de sortie sur les moutons sera aboli et que l'interdiction qui frappe l'exploitation des brebis sera rapportée, en même temps que la France, de son côté, renoncera à faire acquitter les droits de son tarif général aux provenances tunisiennes.

Oliviers

Les oliviers sont, à l'heure actuelle où la vigne est encore à ses débuts, la plus grande richesse de la Tunisie ; les statistiques officielles indiquent dans le Sahël plus de 3,200,000 pieds d'oliviers, et, dans la circonscription de Sfax, 570,000 en pleine production, plus de 250 à 350,000 plantés depuis moins de dix ans. Ces chiffres sont considérés comme inférieurs à la réalité, les indigènes ayant intérêt à dissimuler le nombre de leurs arbres afin de se soustraire le plus possible au régime écrasant de l'impôt. En effet, tandis qu'en Algérie les oliviers ne sont soumis à aucune taxe spéciale, en Tunisie, ils doivent, au contraire, en acquitter une première et l'huile une seconde. Parmi les causes qui ont jusqu'à ce jour entravé, dans une mesure importante, le développement de la culture de l'olivier, il faut citer la lenteur avec laquelle cet arbre se développe et le nombre des années qui s'écoulent entre l'époque de la plantation et celle de la production. Un olivier ne commence, en effet, à rapporter quelques fruits que cinq ans après la plantation, et c'est seulement au bout de dix à douze ans qu'il entre en plein rapport. Peut-être même pourrait-on ajouter que dans certaines régions l'énormité et l'injustice de ces taxes arrêtent les plantations. Jusqu'à ce jour l'huile tunisienne est encore peu connue, les indigènes ne savent pas traiter les fruits, mais les colons, qui apportent les procédés de fabrication de l'industrie européenne, sont assurés de produire une huile excellente dont la vente sera facile en France et à l'étranger. Deux huileries, organisées par des capitalistes marseillais, fonctionnent à Sousse, d'autres vont être organisées à Sfax et à Tébourba.

Forêts.

La Régence possède de magnifiques forêts qui couvrent une superficie de 281,300 hectares, décomposées ainsi qu'il suit :

1° Forêts du massif montagneux des Khroumirs et des Mogods, situées entre la Medjerda et le Nord de la Tunisie, ce sont les plus riches de la Régence ; elles se composent de 163,000 hectares de chênes-liège, sur lesquels 125,000 hectares immédiatement productifs :

2° Forêts situées au Sud de la Medjerda, dont l'étendue est d'environ 128,000 hectares : composées de chênes verts et de pins d'Alep ;

3° Forêts d'acacias gommifères de Talah, situées dans les environs de Sfax, peuvent fournir des bois d'ébénisterie en assez grande quantité ;

4° Les plantations d'eucalyptus faites par la Compagnie de Bône-Guelma, sur le parcours de la ligne ferrée de Tunis à Ghardimaou ;

5° Les plantations faites par le 92° de ligne à Bejà pendant son séjour, malheureusement trop tôt abandonnées.

La question du déboisement des forêts n'est pas moins importante en Tunisie qu'en Algérie.

Bien que les forêts fussent la propriété de l'État beylical, le Gouvernement n'en tirait aucun profit ; exploitées par l'Administration française, elles rapporteront en peu d'années, au Trésor, d'importants bénéfices.

Palmiers, dattiers.

La région du palmier-dattier s'étend de Gabès jusque dans le Sud de la province de Constantine, par l'oasis d'El-Hamma, le Nefzaoua, le Djerid et le Souf, elle est d'une richesse considérable. Le Djerid a près d'un million de palmiers sur une superficie de jardins qui ne dépasse pas 2,200 hectares ; 20,000 chameaux viennent chaque année y prendre des chargements de fruits. L'oasis de Tozeur, arrosé par plus de cent cinquante sources, est la plus grande oasis du Djerid. Sa population est d'environ 6,200 habitants ; on y compte officiellement près de 233,000 dattiers, dont 13,200 de première qualité ; le nombre des arbres doit être beaucoup plus considérable. En 1887, il s'est vendu à Tozeur près de 7 millions 500 kilog. de dattes, et l'on estime à 8 millions environ la production totale. — A côté du dattier poussent l'olivier, l'abricotier, le citronnier, le grenadier, le pêcher, le pommier, le jujubier et l'amandier.

Pour être complet dans l'énumération des produits agricoles de la Tunisie, il faut encore citer l'oranger, le citronnier et les différentes primeurs. On pourrait aussi y introduire la culture du chanvre et du tabac.

Alfa.

L'alfa récoltée sur les montagnes du Sud est, depuis de nombreuses années, un des principaux éléments d'exportation de la Régence ; la plante est plus belle que celle d'Algérie. Malheureusement presque tous les envois sont dirigés vers l'Angleterre ; il en est de même pour l'Algérie. — Une Société anglaise a obtenu le droit de récolter cette plante sur une étendue de 1,024,000 hectares. Le centre d'exploitation est la montagne de Bou-Hedma ; le lieu d'embarquement la baie de Skira. Ces deux points, aux termes du cahier des charges, signé par la Compagnie, doivent être reliés à ses frais par un chemin de fer. Le minimum de l'exploitation annuelle a été fixé à 10,000 tonnes. Cette importante concession, faite par le Bey, avant l'établissement du Protectorat, à un Français, et portée par lui à une Société anglaise, avait eu la triste conséquence de déposséder du droit de récolter l'alfa, plusieurs tribus qui vivaient auparavant de ce travail. Fort heureusement qu'un décret beylical, en date du 31 juillet 1887, a rapporté le décret de concession, la Compagnie ne remplissant plus les charges qui lui étaient imposées.

Métaux, Marbres.

Les montagnes de la Régence sont riches en métaux et en marbres. Deux Compagnies françaises, dont l'une est la Compagnie de Mokta-el-Hadid, qui possède les mines d'Aïn-Mokra, dans la province de Constantine, exploitent les minerais de fer du pays des Khroumirs, des Nefzas et des Mogods. Chacune de ces deux Compagnies s'est engagée par un cahier des charges, signé en 1884, à creuser un port à Tabarka, l'autre au Serrat, et à construire à ses frais un chemin de fer reliant à la côte les régions minières. Ces deux tronçons seront continués plus tard dans la direction de Beja et mettront en communication la riche contrée des Khroumirs avec la ligne de Tunis à Bône. L'exploitation minimum doit être de 50,000 tonnes par an pour chacune des deux Compagnies, sous peine de déchéance ; elles verseront un droit s'élevant au vingtième du produit net.

Mine d'or.

On trouve de l'or au Bou-Hedma ; de grandes exploitations de ce métal ont été faites pendant l'antiquité ; elles n'ont pas encore été reprises jusqu'ici.

Plomb.

Le plomb se rencontre dans plusieurs endroits, no'amment à Djebba, dans la vallée de la Medjerda et surtout dans la montagne appelée Djebel-Rsas, située dans les environs de Tunis. — Cette mine est exploitée actuellement par une Société italienne, mais d'une façon très imparfaite.

Carrières de marbre de Chemton.

Les carrières de marbre de Chamton sont les plus importantes de la Régence ; elles sont situées dans la partie orientale de la vallée de la Medjerda ; elles sont exploitées par une Compagnie franco-belge. Cette Compagnie croit avoir retrouvé le marbre Numidique si recherché au temps des Romains pour ses belles teintes rouges et jaunes.

Éponges, Corail, Pourpres et Pêcheries.

Les eaux maritimes de la Régence fournissent en abondance des éponges, du corail, des pourpres. De grandes pêcheries de thons et de sardines sont établies aux îles de Kerkenah et à hauteur de Mahadia ; une Société marseillaise retire annuellement, 300 à 350,000 kilog. de poissons du lac de Bizerte.

En dehors des établissements cités ci-dessus, un très petit nombre d'établissements industriels ont été fondés par les Européens. La Tunisie, jusqu'à présent, est comme l'Algérie une colonie agricole dans laquelle tous les capitaux se portent vers la culture. On commence cependant à installer sur place quelques établissements dans le but de travailler les produits du sol, pour lesquels il n'y a pas avantage à exporter à l'état brut. Dans ces conditions, on peut citer la minoterie de Tébourba (qui fonctionnait déjà en 1881), l'huilerie de Sousse et prochainement celle de Sfax, qui est sur le point de fonctionner.

Les superbes chênes des forêts du Nord de la Régence fournissent un tan de première qualité, il me semble donc qu'il serait très facile de créer des tanneries à Tébourba et Tunis. En attendant que le chemin de fer de Tunis à Sousse soit entièrement construit, il semble nécessaire de mettre en communication les principaux centres, des villes de l'intérieur avec la côte, l'établisssement d'un réseau de routes s'impose ainsi que la création des ports de Bizerte, Tunis, Sousse, Sfax, Porto-Farina, etc., etc. Les lignes ferrées les plus nécessaires sont : 1° celle de Djédeïda (station de Tunis à Bône) à Bizerte par Mateur; 2° de Hammam-Lif à Sousse ; 3° de Sousse à Mahadia et Gabès. Plus tard, on pourra construire les différentes lignes algériennes par Souk-Ahras et Tébessa à Gafsa-Tozeur-Gabès et Zarzis. Pour terminer, il y a lieu de relater ici que les concessions faites par l'Administration du Protectorat à certaines Sociétés, auront pour effet de doter la Tunisie de quelques petits tronçons de chemins de fer et créer deux ou trois ports.

Les deux Compagnies qui exploitent les minerais de fer de la Khroumirie, des Nefsas et des Mogods, se sont engagées à creuser un port, l'une à Tabarka, l'autre au cap Serrat et à construire, à leurs frais, un chemin de fer reliant à la côte les régions minières. Ces deux tronçons seront continués plus tard dans la direction de Béja et mettront en communication la riche contrée des Khroumirs avec la ligne de Tunis-Bône.

La Société de la mer intérieure d'Afrique a le projet de construire, à l'embouchure de l'Oued-Melha, un port qui pourrait recevoir les bâtiments de la Compagnie transatlantique. La réalisation de ce projet est d'autant plus considérable que toute la côte des golfes de Hammamet et de Syrte est plate, et ses abords peu profonds. En aucun point, les navires n'approchent aisément du rivage; à Gabès même, les bateaux mouillent à une grande distance. Le port de l'Oued-Mélah pourrait donc attirer à la fois le commerce de la Tunisie méridionale et peut-être certaines caravanes qui se rendent aujourd'hui dans la Tripolitaine.

Nécessité d'activer la construction d'un port à Tunis, des voies ferrées à l'intérieur, et des différentes voies de communication.

La création si nécessaire d'un port à Tunis est réclamée depuis longtemps ; il faut donc que les travaux commencés soient vigoureusement poussés et que sous peu on ne soit plus obligé de se rendre à la Goulette. Un décret beylical, en date du 12 juillet 1885, a affecté une première dotation de 7,320,000 francs pour la construction du port de Tunis.

Après Tunis, les villes dans lesquelles il est nécessaire de créer des ports sont : Bizerte, Sfax et Sousse, ce dernier est en bonne voie de construction, il serait à souhaiter que partout ailleurs il en soit ainsi.

Plusieurs voies de communication sont achevées ou sur le point de l'être ; je citerai, par exemple, la route de Tunis à Kairouan qui facilitera les relations avec la capitale de la Régence.

Pour terminer, nous dirons que la France a trouvé la Tunisie dans une situation déplorable, particulière du reste aux pays musulmans ; l'impôt, mal établi, écrase le cultivateur, des droits de sortie gênent l'exportation, renchérissent les produits indigènes ; un système douanier barbare entrave le mouvement naturel des échanges entre la France et la Tunisie. Pour remédier à cet état de choses, il y a lieu de compléter les réformes déjà commencées, d'activer la construction des routes, voies ferrées et ports, encourager la culture, faciliter l'émigration de colons consciencieux connaissant la culture de la vigne, assurer par des lignes stratégiques les derrières de la Tunisie afin de la défendre contre les excursions des tribus de la Tripolitaine, en un mot, contre toutes les agressions du monde musulman. Au Nord, utiliser la situation exceptionnellement favorable de Bizerte, où se trouvent réunies toutes les conditions nécessaires pour l'établissement d'un grand port militaire. Organiser la défense du littoral, et en même temps des Commissions compétentes pour étudier sur place les différentes modifications qu'il y a lieu d'apporter à la culture, à l'élevage et à l'exploitation des différents produits de la Régence.

Lille Imp. L. Danel.